Thomas M. Forchert

Prüfplanung

Ein neues Prozessmanagement für Fahrzeugprüfungen

Reihe Informationsmanagement im Engineering Karlsruhe
Band 3 – 2009

Herausgeber
Universität Karlsruhe (TH)
Institut für Informationsmanagement im Ingenieurwesen (IMI)
o. Prof. Dr. Dr.-Ing. Jivka Ovtcharova

Prüfplanung

Ein neues Prozessmanagement für Fahrzeugprüfungen

von
Thomas M. Forchert

universitätsverlag karlsruhe

Dissertation, Universität Karlsruhe (TH), Fakultät für Maschinenbau, 2009

Impressum

Universitätsverlag Karlsruhe
c/o Universitätsbibliothek
Straße am Forum 2
D-76131 Karlsruhe
www.uvka.de

Universitätsverlag Karlsruhe 2009
Print on Demand

ISSN: 1860-5990
ISBN: 978-3-86644-385-3

Prüfplanung -
Ein neues Prozessmanagement
für Fahrzeugprüfungen

Zur Erlangung des akademischen Grades

Doktor der Ingenieurwissenschaften

der Fakultät für Maschinenbau

Universität Karlsruhe (TH)

genehmigte

Dissertation von

Dipl.-Ing. Thomas M. Forchert

19. Juni 2009

Tag der mündlichen Prüfung: 29. Mai 2009

Hauptreferent: Prof. Dr. Dr.-Ing. Jivka Ovtcharova, Universität Karlsruhe

Koreferent: Prof. Dr.-Ing. Bernard Bäker, Technische Universität Dresden

Vorwort der Herausgeberin

Die Markterwartung an neue Produkte mit verbesserten Funktionen und gesteigerten Leistungswerten führt in den Unternehmen zu erhöhten Risiken. Der Zielkonflikt zwischen Produktqualität und Herstellkosten muss in immer kürzeren Zyklen gelöst werden. Das vorliegende Buch zeigt die Potentiale des Risikomanagements am Beispiel der Prüfplanung für die Serienproduktion auf. Die Prüfung der fertig montierten Produkte ist ein Teilumfang des Qualitätsmanagements. Während dem Qualitätsmanagement bereits heute eine anerkannte Rolle bei der Produktentstehung beigemessen wird, ist das Thema Risikomanagement heute noch nicht durchgängig eingeführt.

Gesetzliche und normative Vorgaben zu der Produktsicherheit und -haftung erfordern zukünftig die Durchführung von technischen Risikoanalysen für komplexe Produkte. In diesem Buch werden die Risikoanalysemethoden und die gesetzlichen Rahmenbedingungen aufgezeigt, welche für die am Produktentwicklungsprozess beteiligten Ingenieure einen immer größeren Stellenwert einnehmen werden.

Der Autor beschreibt ein Prozessmanagement, das neben dem Prozess der Definition und Priorisierung der Prüfungen auch die personelle Organisation der beteiligten Ingenieure und ein IT-Konzept umfasst. Für die Formulierung eines Organisationskonzepts kann der Autor neben wissenschaftlichen Studien auf eine langjährige Industrieerfahrung in leitenden Positionen der Automobilindustrie zurückgreifen.

Mit dem Thema „Prüfplanung - Ein neues Prozessmanagement für Fahrzeugprüfungen" wird die Buchreihe „Informationsmanagement im Engineering" fortgesetzt.

Jivka Ovtcharova

Danksagung

Die Arbeit basiert auf Forschungsarbeiten und auf der langjährigen Praxiserfahrung in Entwicklungs-, Forschungs- und Produktionsbereichen der Automobilindustrie.

Ich bedanke mich bei den Herren Hans Baust, Gerhard Bortolus, Thilo Holzschuh, Jürgen Luka, Dr. Thomas Raith, Andreas Rich, Willi Strobel, Hans Georg Thülly und Ulrich Visel für die Diskussionen und ihre Unterstützung im Rahmen der langjährigen Zusammenarbeit.

Für die Erkenntnisse im Thema „Kooperierende Organisation" bedanke ich mich bei Herrn Professor Larry Leifer, Frau Melissa Regan und Frau Sigrid Müller (Stanford University). Sie haben mit ihrem Wissen und ihren Diskussionsbeiträgen die Ergebnisse des gemeinsamen Forschungsvorhabens maßgeblich mitgestaltet.

Ich bedanke mich bei Frau Professor Elisabeth Paté-Cornell (Stanford University) und den Herren Jan Pietzsch und Christopher Han für die erfolgreiche Zusammenarbeit in einem gemeinsamen Forschungsprojekt über das Thema „Technische Risikoanalyse".

Mein besonderer Dank gilt Frau Professor Dr. Dr.-Ing. Jivka Ovtcharova (Universität Karlsruhe) und Herrn Professor Dr.-Ing. Bernard Bäker (Technische Universität Dresden) für ihre Anregungen zu der Vorgehensweise, zu der Optimierung und zu der Korrektheit der Arbeit.

Herzlich bedanken möchte ich mich bei Frau Katharina Herngreen für ihre Anmerkungen zur schriftlichen Gestaltung.

Thomas M. Forchert

Inhaltsverzeichnis

Liste verwendeter Abkürzungen

A	Auftretens-Wahrscheinlichkeit (eines Fehlers)
AVO	Arbeitsvorschrift, Prüfvorschrift
ASIL	Automotive Savety Integrity Level (ISO WD 26262), Sicherheitsanforderungsstufe
B	Bedeutung (eines Fehlers)
BGB	Bürgerliches Gesetzbuch
BTB	Business to Business, Geschäft zu Geschäft (s-Prozess)
B2B	Business to Business
bzw.	beziehungsweise
C	Controllability (ISO WD 26262), Kontrollierbarkeit (durch den Fahrer),
ca.	cirka, ungefähr
CE	Gütebestätigungszeichen (CE-Zeichen)
DEKRA	Deutscher Verband des Kraftfahrwesens
ΔPKZ	Delta PKZ, Differenz der Prioritätskennzahl
d.h.	das heißt
DIN	Deutsches Institut für Normung e.V.
DGQ	Deutsche Gesellschaft für Qualität e.V.
DRBFM	Design Review Based on Failure Mode
E	Exposure (ISO WD 26262), Entdeckungswahrscheinlichkeit
Eα	Entdeckungswahrscheinlichkeit ohne Prüfung
Eβ	Entdeckungswahrscheinlichkeit mit Prüfung
E/E	Elektrisches/Elektronisches (-System), System mit elektrischen und/oder elektronischen Komponenten, inkl. programmierbare Komponenten
E/E/PE	Elektrisches/Elektronisches/programmierbar elektronisches (-System) (IEC61508)
ESD	Elektro static discharge, (Schutz gegen) Elektrostatischen Entladung
ESP	Electronic Stability Program, Bremssystem zur Fahrzeugstabilisierung
etc.	und so weiter
FeV	Fahrerlaubnis-Verordnung
FMCEA	Failure Mode, criticality and effect analysis
FMEA	Failure Mode and Effect Analysis

FTA	Fault Tree Analysis, Fehlerbaum-Analyse,
GMK	Gemeinkosten
GPSG	Geräte- und Produkt-Sicherheitsgesetz
HPV	Hours per vehicle, Werkerstunden in der Montage
IEC	International electrotechnical comission, Internationale elektrotechnische Kommission
ISO	International Organisation for Standardization, Internationale Gesellschaft für Normung
IT	Informationstechnologie
i.O.	In Ordnung, frei von Mängeln, Gegenteil ist n.i.O.
Kfz	Kraftfahrzeug
KVP	Kontinuierlicher Verbesserungsprozess
min	Minuten
NHTSA	National Highway and Transportation Savety Administration
n.i.O.	nicht in Ordnung
Mio.	Million, Millionen
OWS	Organisational Warning System, Frühwarnsystem
p.a.	per annum, pro Jahr
PEP	Produktentstehungsprozess
Pkw	Personenkraftwagen
PKZα	Prioritäts-Kennzahl ohne Prüfung
PKZβ	Prioritäts-Kennzahl mit Prüfung
PRA	Probabilistik Risk Analysis, Wahrscheinlichkeitsbasierte Risikoanalyse
PRE-SAFE	Insassenschutzsystem
ProdHaftG	Produkthaftungs-Gesetz
PVO	Prüfvorschrift, Prüfarbeitsvorgang
R	Risikogrenzwert
RPZ	Risiko-Prioritäts-Kennzahl
S	Severity (ISO WD 26262), Schweregrad
sek	Sekunden
SA	Sonderausstattung
SIL	Sicherheits-Integritätslevel (IEC 61508)
TP	Teilprozess, Unterporozess
TS	Tracking System

VDA	Verband der Automobilindustrie e.V.
W	Grenzwert für die Wirtschaftlichkeit von Prüfungen
WB	Wirkungsbereich
WD	Working Draft, Entwurf (Normen)
WDS	Werkstatt-Diagnose-System
Web2	Internetgeneration 2
z.B.	zum Beispiel

1. Einleitung

1.1. Ausgangssituation

Die weiter zunehmende Integration von Mechanik und Elektronik in technischen Produkten führt zu **steigenden Risiken** für den Hersteller und den Konsumenten. Der Konsument erlebt eine Funktionsfülle, die nur in Handbüchern mit beachtlicher Seitenanzahl zu beschrieben ist. Die Bedienungsanleitungen von Flachbildschirmen, Mobilfunktelefonen, Navigationssystemen oder auch Personenkraftwagen umfassen heute leicht mehrere hundert Seiten allein in einer Sprache.

Der Hersteller, der gegenüber dem Konsumenten der Verantwortliche für die technische Komplexität der Produktfunktionen ist, erlebt die Qualitätsanforderungen in bisher unbekannten Dimensionen. Alle in Verkaufsprospekten und im Kaufvertrag beschriebenen Funktionen stellen gegenüber dem Konsumenten **rechtsverbindlich zugesicherte Produkteigenschaften** dar, die der Hersteller in Konsequenz auch qualitativ sicherzustellen hat.

Dieses Buch beschreibt die durch den Hersteller zu beachtenden und letztlich zu beherrschenden Themenfelder für die **Planung der Produktprüfungen**.

Bisherige Arbeiten zu dem Thema Prüfplanung beschränken sich auf die Betrachtung der Strukturierung des Problems. Eine Dissertation auf dem Gebiet Prüfplanung aus dem Jahr

2005 bestätigt explizit **das Fehlen einer analytischen Methode** zur Auswahl der relevanten Prüfungen [Be05].

Die Erfahrungen des Autors aus der industriellen Praxis bestätigen die Notwendigkeit von grundlegend neuen Denkansätzen.

„Probleme kann man niemals mit derselben Denkweise lösen, durch die sie entstanden sind."

Dieses Zitat von Albert Einstein weist den Weg zu einer neuen Vorgehensweise, nämlich der Änderung der Denkweise und der Betrachtung des gesamten Problemumfelds.

In den folgenden Kapiteln wird nicht allein der enge technische Problemkreis, sondern auch die **sozialen Themenfelder „Organisation", „Kommunikation" und „Kooperation"**, sowie die **gesellschaftlichen Themenfelder „Rechtsprechung/Gesetze" und „Risikotoleranz"** behandelt. Der Titel der Arbeit könnte auch „Prüfplanung – Ein Plädoyer für die Kooperation" lauten, da die Kooperationsfähigkeit der Ingenieure, die in den verschiedenen Unternehmensbereichen an der Produktentstehung arbeiten, von essentieller Bedeutung für die **Beherrschung der Komplexität und der Qualität** von Produkten ist.

Der Lösungsansatz ist generisch formuliert. Die konkrete Anwendung ist am Beispiel eines Personenkraftwagens beschrieben.

Automobile sind ein gutes Beispiel für eine seit Jahren kontinuierlich steigende Produktkomplexität. Jedes Jahr stellen die Fahrzeughersteller weltweit eine Vielzahl neuer Modelle vor. Statt ehemals weniger Modellreihen je Automobilhersteller, sind zusätzlich zu dem Modellstamm neue Nischenfahrzeuge, sowie neue Karosserie- und Motorvarianten in den Markt eingeführt worden. Die Weltautomobilproduktion hat sich im Jahr 2005 auf 54,6 Mio. Personenkraftwagen gesteigert [Au08].

Abbildung 1-1   Mercedes, Modell Simplex 1902-1910

Die Weiterentwicklung des Automobils über 100 Jahre sei am Beispiel eines der frühen verbrennungsmotorisch angetriebenen Fahrzeuge - des Mercedes Simplex - mit einer einfachen mechanischen Struktur dargestellt.

Die Fahrzeugstruktur, die Wirkungsweise und die Fehleranalyse waren hier im Vergleich zu einem modernen Fahrzeug wirklich „simpel".

Mit der ersten elektrischen Funktion, einer elektrischen Beleuchtung, die über einen Schalter mit einer Batterie verbunden war, begann der **Einzug der elektrischen Systeme** in das Fahrzeug. Auf den elektrischen Schalter folgten Relaisschaltungen, wie zum Beispiel für Starter, Blinker und Heckscheibenheizung, sowie die elektrische Zündung.

Mit der **Einführung des Mikroprozessors** konnten Fahrzeugfunktionen programmiert elektronisch realisiert werde. Die Fahrzeughersteller haben in den vergangenen Jahrzehnten mechanische Systemkomponenten zunehmend durch mikroprozessorgesteuerte Kfz-Elektroniksysteme ersetzt.

Abbildung 1-2   Mercedes-Benz, Modell CLS, 2008

Der Einsatz von mikroelektronischen Bauteilen und die Anwendung der Datenverarbeitungstechnik im Fahrzeug verringern die bisher vorhandene Funktionstransparenz mechanischer Systeme.

Insbesondere sind die **Sicherheitsfunktionen** der Brems-, Lenk-, Airbag- und Abstandswarnsysteme durch den Hersteller qualitativ sicherzustellen.

Im Zeitraum 1993 bis 2003 brachte zum Beispiel der Automobilhersteller Mercedes-Benz im Sektor Personenkraftwagen über 50 technische Neuheiten auf den Gebieten Sicherheit, Umweltverträglichkeit und Komfort erstmals in Serie. Dazu zählen das elektronische Stabilitätsprogramm ESP (1995), Sidebags und Gurtkraftbegrenzer (1995), Brems-Assistent (1996), Sandwich Konzept (1997), Window-Bags (1998), das Insassenschutzsystem PRE-SAFE (2002) und das Pkw-Automatikgetriebe mit sieben Gängen (2003).

Die technischen Neuheiten und die aus der Produktoffensive resultierende Varianten- und Konfigurations-Vielfalt führen zu einem **Fahrzeug mit einem hohen Wertschöpfungsanteil an Elektronik.**

Neben den traditionellen Treibern wie Kosten/Gewicht und dem Streben nach Sicherheit/Komfort haben auch Vorgaben der Gesetzgebung, insbesondere in den USA, Japan und der Europäischen Gemeinschaft, starken Einfluss auf den Einsatz von Fahrzeug-Elektronik ausgeübt.

Die **Gesetzgebung** umfasst Vorgaben zu der Abgas-Emission, zu der Sicherheit [STVZO08], zu dem Ausstellen und Inverkehrbringen [GPSG04] sowie zu der Produkthaftung [ProdHaG02].

Ein zusätzliches Argument für den fortgeschrittenen Einsatz von Elektronik im Fahrzeug liefert die **technologische Machbarkeit zu reduzierten Kosten**. Die elektronische Ausrüstung moderner Straßenfahrzeuge ist somit in einer Fülle verschiedenster Anforderungen begründet. Die Entwicklungsingenieure der Lieferanten und der Fahrzeughersteller stehen aber auch vor der Herausforderung die Fahrzeugsysteme und die zugrundeliegenden Halbleiter- und Werkstofftechnologien auf einem im Automobilgeschäft akzeptierten **Qualitätsstand** zu halten.

Die in der Consumer-Industrie für Computern, Spiele-Konsolen und Telekommunikationsgeräten von den Kunden inzwischen akzeptierten geringen Qualitäts- und Lebensdauerwerte sind im automobilen Einsatz nicht akzeptabel. Entsprechende Erfahrung hat in der Vergangenheit die **Luftfahrtindustrie** bei der Integration der Passagier-Unterhaltungs- und Informationssysteme gemacht. Hier waren in den ersten Jahren nach der Einführung erhebliche Anstrengungen zur Qualitätssteigerung der Passagier-Video-Systeme erforderlich.

Die tendenziell höheren Fehlerpotentiale von elektronischen Bauteilen und von Software gegenüber mechanischen Komponenten erfordern entsprechend zugeschnittene **Qualitätssicherungen und Prüfkonzepte**. **Durchgängige Systemmodellierungen und Rechnersimulationen** in den Labors, Komponenten- und Modultests der Lieferanten, Integrationstests und Gesamtfahrzeugtests der Entwicklungsabteilungen stellen heute die Funktionsfähigkeit des Gesamtsystems, trotz hoher Varianten-Vielfalt, sicher. **Insgesamt hat die Qualität der sicherheitsrelevanten Kfz-Elektronik-Systeme für z.B. Antriebe, Bremsen, Lenkungen und Airbags heute einen sehr hohen Qualitätsstand erreicht.**

Mit der zunehmenden Anzahl an Konfigurationen und Varianten, sowie dem zunehmenden Einsatz von Elektronik im Fahrzeug wächst die Notwendigkeit, **Information und Wissen stärker zu formalisieren** und entlang der gesamten Entwicklungsprozesskette einzusetzen. Dies gilt in hohem Maße über den eigentlichen Entwicklungsprozess hinaus, auch für das Wissen zur Produktion, Prüfung, Betrieb und zur Wartung.

Aufgrund des technologischen Fortschritts und der Notwendigkeit des Klimaschutzes werden in den nächsten Jahrzehnten neue Antriebs- und Energiespeicher-Konzepte in Form von Hybridantrieben, Elektroantrieben, Lithium-Ionen-Batterien und Brennstoffzellen zum Einsatz kommen. Der Einsatz von Hochspannungsbatterien, der bereits mit den Hybridfahrzeugen notwendig wird, bedingt völlig **neue Sicherheitsanforderungen**.

Die Steigerung der Komplexität und die Erhöhung der Sicherheits- und Qualitätsanforderungen werden in der Automobilindustrie über eine absehbare Zeit nicht abklingen.

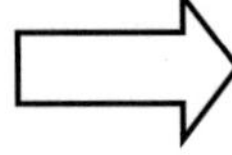

Abbildung 1-3 Motivation

1.2. Zielsetzung

Die Zielsetzung der vorliegenden Arbeit ist die Konzeption, Spezifikation und Validierung eines neuen **methodischen Prozessmanagements zur Prüfplanung für den Montagebereich** des Herstellers, auf Basis einer IT-gestützten Lösung, welche in die Entwicklungs-, Produktionsplanungs- und Produktions-Prozesse eingebettet ist.

Soweit die traditionelle Ingenieursicht. Wie bereits in der Einleitung dargestellt, müssen aber auch Lösungsansätze zur Optimierung der Organisation und der Verbesserung der Kooperation zwischen Ingenieurteams, sowie zur Erfüllung der gesetzlichen und normativen Rahmenbedingungen erarbeitet werden.

Die neue Vorgehensweise soll auch eine Lösung zur Erfüllung des Nachweises des einwandfreien Inverkehrbringens gemäß des seit 2004 geltenden „Geräte- und Produkt-Sicherheits-Gesetzes" [GPSG04] beinhalten. **Der Nachweis des einwandfreien Inverkehrbringens ist zur Abwehr von Produkthaftungsansprüchen**, die aus Unfällen mit Fahrzeugen abgeleitet werden könnten, geeignet. Die Umsetzung der gesetzlichen Vorgaben zur Prüfplanung in der Automobilindustrie ist in den Normen IEC 51608 und ISO WD 26262 geregelt.

Mit der Konzeption des Prüfplanungsprozesses wird das wissenschaftliche **Ziel verfolgt, alle Einflussfaktoren auf die Prüfplanung** systematisch zu berücksichtigen. **Neu einzuführen sind die Einflussfaktoren Produktqualität, Felderfahrung, technisches Risiko und Prüfkosten.**

Das neue Prozessmanagement muss zudem die wesentlichen Aktivitäten, Prinzipien, Methoden und Randbedingungen berücksichtigen. Die Beschreibung soll in Form eines Prozessablaufs, sowie zusätzlich in vollständiger, anwenderorientierter Textform erfolgen.
Die kritischen Elemente des Prüfplanungsprozesses müssen identifiziert werden. Die Anwendbarkeit ist exemplarisch an einem Beispiel nachzuweisen.

1.3. Vorgehensweise und Struktur der Arbeit

Ausgehend von der Zielsetzung wird in **Kapitel 2** der **Stand der Technik** gegliedert in die Themen Fahrzeugdiagnose, Fahrzeugmontageprozesse, sowie Prüfverfahren in der Montage beschrieben.

Die **Grundlagen und Analysen bestehender Ansätze** beinhalten auch die Betrachtung der relevanten sozialen und gesellschaftlichen Themenfelder. Inhalt von **Kapitel 3** sind die gesetzlichen und normativen Rahmenbedingungen, die Risikoanalyseverfahren, sowie eine beispielhafte IT-Toolumsetzung.

In **Kapitel 4** ist **das neue Prozessmanagement**, mit der Zieldefinition, den Anforderungen und der Lösung in Form des Prüfplanungsprozesses und dem Organisationskonzept formuliert.

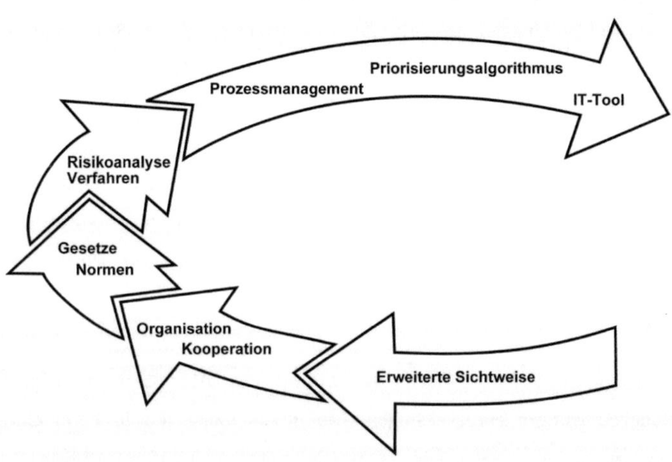

Abbildung 1-4 Drehbuch der zu behandelnden Themen

Kapitel 5 beinhaltet die **Implementierung und Validierung** des Prüfplanungsprozesses. Die Implementierung des neuen Prozesses erfolgt in Form der Erfassung einer Liste exemplarischer Qualitätsmerkmale, sowie durch die Generierung von zwei Prüflisten für eine fiktive Fahrzeugbaureihe. Die Validierung des Verfahrens wird durch den Vergleich von zwei Prüflisten durchgeführt. Die priorisierte Prüfliste der Baureihe zeigt das Ergebnis des neuen Priorisierungsverfahrens und belegt damit die Funktionsfähigkeit.

Kapitel 6 beschreibt einen Ansatz zur **IT-Integration**. Es wird ein Lösungsansatz für das **Prüfplanungstool** und dessen **Integration in die IT-Systeme der beteiligten Unternehmensbereiche** dargestellt. Die Integration in die Entwicklungs-, Produktionsplanungs- und Produktionsprozesse ist erforderlich um eine wirtschaftliche Umsetzung des Lösungsansatzes sicherzustellen.

Die **Zusammenfassung und der Ausblick** sind Gegenstand von **Kapitel 7**. **Verzeichnisse der verwendeten Literatur** und eine Auflistung der Veröffentlichungen des Autors sind in **Kapitel 8** zusammengefasst.

2. Stand der Technik

2.1. Fahrzeug-Diagnose

Die Entwicklungsschritte der Fahrzeug-Elektrik/Elektronik sind eng mit den Technologieschritten der Halbleiterbauelemente, vom Transistor bis hin zu dem Mikroprozessor verknüpft. Die Fahrzeugelektronik entwickelte sich aus der Fahrzeugelektrik mit der sukzessiven Einführung des Mikroprozessors in automobile Serienanwendungen ab dem Jahr 1980.

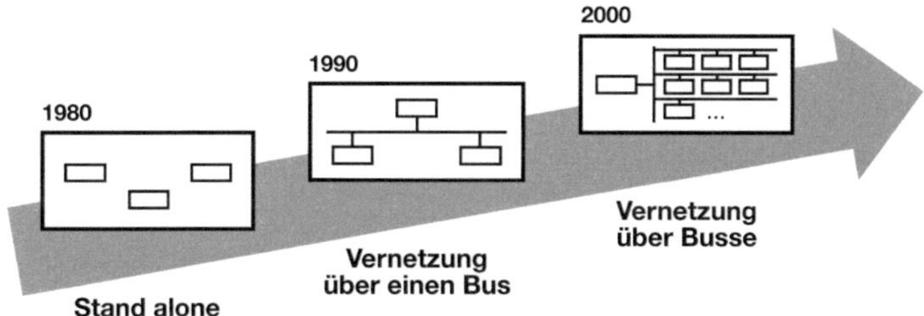

Abbildung 2-1 Entwicklung der Fahrzeug-Elektronik-Architektur

Die eingesetzten Kfz-Elektronik-Steuergeräte arbeiteten anfangs eigenständig (stand alone). Ab dem Jahr 1990 erfolgte die erste Verknüpfung über einen Kommunikations-Bus, seit dem Jahr 2000 sind Kfz-Elektroniken über mehrere Bussysteme miteinander vernetzt. (Abbildungen 2-1 und 2-2)

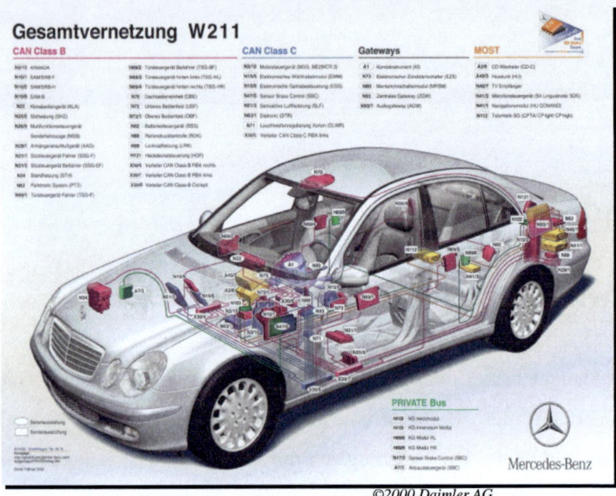

Abbildung 2-2   Fahrzeugelektronik-Systeme Mercedes-Benz, Modell E-Klasse

An moderne Kraftfahrzeuge werden **hohe Verfügbarkeitsanforderungen bei minimalen Instandhaltungskosten** gestellt. Bei Betrachtung der "Life Cycle Costs" eines technischen Systems gewinnen die Instandhaltungskosten einschließlich der Kosten für Ausfallzeiten zunehmende Bedeutung.

Die intelligente Diagnose von Fahrzeug-Elektroniksystemen ist seit Einführung des Mikroprozessors Gegenstand der Forschung und Entwicklung in der Automobilindustrie. [Bo96, Ba00] Die fortschreitende Entwicklung von mikroprozessorgesteuerten Elektroniksystemen ermöglichte eine programmierte Störungserkennung und die Kommunikation der Störungsinformationen an den Bediener des technischen Systems oder den Werkstatttechniker.

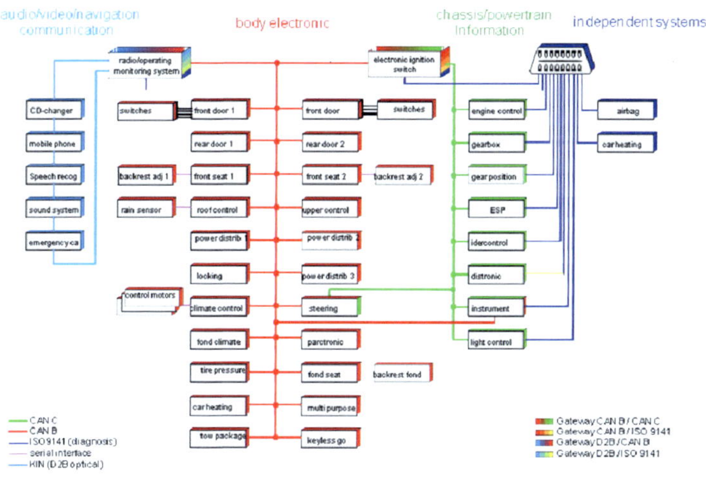

Abbildung 2-3   Vernetzungstopologie Mercedes-Benz, Modell S

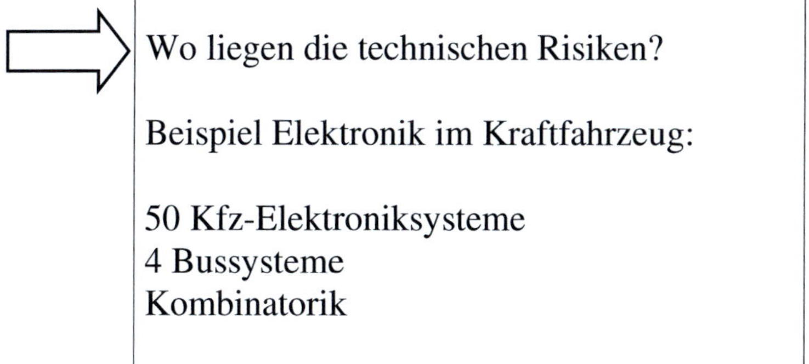

Abbildung 2-4   Technische Risiken

Auf Seiten der technischen Systeme ermöglicht die zunehmende Durchdringung mit mikroprozessorgesteuerter Elektronik bis zu einem gewissen Grad eine Eigendiagnose. [Ba00] Die Eigendiagnose ist zur Einhaltung von Sicherheitsvorschriften vielfach zwingend erforderlich. Diese kann bis zu 50% der Software im Kfz-Elektronik-Steuergerät umfassen.

Wesentliche Zielsetzung der Eigendiagnose ist die Erkennung von elektrischem Kurzschluss, Leerlauf und Unplausibilitäten in jedem eingangs- und ausgangsseitigen elektrischen Pfad des Fahrzeug-Elektronik-Systems sowie die Eigenprüfung des Mikroprozessors bezüglich seiner Hardwareperipherie und der Software.

Der Begriff Diagnose wird in der Automobilwelt in die Bereiche **Onboard-Diagnose und Offboard-Diagnose** gegliedert.

Abbildung 2-5 Onboard-Diagnose – fahrerorientiert

Die Tabelle stellt die wichtigsten Funktionen der Onboard-Diagnose dar:

<table>
<tr><td>Funktionen der Onboard-Diagnose</td></tr>
<tr><td>Fehlererkennung und Fehlerreaktion innerhalb der elektronischen Steuergeräte zur Erfüllung der Produktsicherheit</td></tr>
<tr><td>Fehlererkennung zur Erfüllung gesetzlicher Emissionsanforderungen, die im wesentlichen auf abgasrelevante Systeme und Komponenten bezogen sind</td></tr>
<tr><td>Stimulation und Fehlerspeicherung</td></tr>
<tr><td>Kommunikationsstandards zur Abfrage und Übermittlung der Daten zwischen Fahrzeug und externem Diagnosegerät</td></tr>
</table>

Abbildung 2-6   Tabelle Funktionen der Onboard-Diagnose

Die im Rahmen der Eigendiagnose vom System ermittelten Störungsinformationen werden dem Werkstatt-Techniker angezeigt. Die Störungsinformationen liefern wichtige Hinweise zur Lokalisierung des Bauteils, das die Störung verursacht. Die Störungslokalisierung und Reparatur der Fahrzeugsysteme ist nur durch intensiv geschulte Techniker möglich, da zum einen gründliches Wissen aus verschiedenen technischen Disziplinen, zum anderen spezielle Kenntnisse über das zu diagnostizierende System erforderlich sind.

Die individuelle Konfiguration und Ausstattung moderner Fahrzeuge stellt weitere Anforderungen an die Werkstatt-Techniker. Deswegen werden zunehmend Diagnosesysteme, die den Techniker ausstattungsspezifisch durch den Diagnose- und Reparaturprozess führen, eingesetzt.

Die wichtigsten Schritte zur Störungslokalisierung und Reparatur sind in der folgenden Tabelle zusammengefasst:

<table>
<tr><td>Funktionen der Offboard-Diagnose</td></tr>
<tr><td>Auslesen der onboardseitig bereitgestellten Echtzeitdaten von Sensoren und Aktoren, sowie der Fehlerdaten und Fehlerspeicherinhalte</td></tr>
<tr><td>Anzeigen der Echtzeitdaten und der Fehlerdaten für den Anwender</td></tr>
<tr><td>Anzeige der Maßnahmen zur Störungslokalisierung und Darstellung der Abhilfen</td></tr>
<tr><td>Dokumentation von Prüf- und Diagnoseergebnissen</td></tr>
</table>

Abbildung 2-7 Tabelle Funktionen der Offboard-Diagnose

Die Störungslokalisierung und der sich daran anschließende Reparaturprozess können aus technischen Gründen mit vertretbarem Aufwand heute nicht von den technischen Systemen des Fahrzeugs selbst durchgeführt werden.

Angesichts dieser Situation stellt sich die Frage nach einem geeigneten Lösungsansatz zur Teilautomatisierung des Diagnoseprozesses technischer Systeme.

Abbildung 2-8 Offboard-Diagnose - Techniker mit Diagnosegerät

Einen Schritt zur Automatisierung der Diagnoseprozesse stellen „intelligente" Diagnosesysteme als maschinelle Assistenten des Werkstatt-Technikers dar.

In der ersten Phase (1985-1995) der Forschungs- und Entwicklungsarbeiten in der Automobilindustrie zur „intelligenten Diagnose" wurden wissensbasierte Diagnose-Verfahren betrachtet, in der zweiten Phase (1996-2001) waren modellbasierte Verfahren im Fokus. Beide Verfahrensarten wurden erfolgreich bis zur Serienreife dargestellt und an einzelnen Systemen evaluiert.

In Kapitel 3.4. ist stellvertretend für die **wissensbasierte Verfahren** die Toolimplementierung Werkstatt-Diagnose-System beschrieben.

Modellbasierte Systeme, die ursprünglich im Rahmen der Forschungsarbeiten zur künstlichen Intelligenz entwickelt wurden, erlauben die Repräsentation von Wissen über einen Bereich, wie z.B. eine Klasse technischer Systeme. Die Repräsentation dient der Lösung von Diagnoseproblemen, sowie der Anwendung computergestützter Problemlösungen. Sie gehen somit über die mathematische Modellierung hinaus und unterstützen die Darstellung und Nutzung von **Wissen auf der konzeptuellen Ebene**.
[DrSt96, He99, Ho00]

Eine beispielhafte Implementierung auf Basis der **modellbasierten Verfahren** ist das System RODON [Se94, SeHo04]. Der Einsatz des Systems RODON zur Erzeugung von Onboard-Diagnosealgorithmen wurde in der Automobilindustrie intensiv untersucht und auch in Serienanwendungen teilweise umgesetzt. Für einen breiten Einsatz war jedoch der Aufwand zur Generierung der Systemmodelle, insbesondere der Modellanpassungen oder gar der Neumodellierungen für jede Systemvariante und jede Konfiguration der Fahrzeugsysteme, zu hoch.

Der Einsatz wissensbasierter und modellbasierter Diagnosesysteme hängt im Wesentlichen von der Verfügbarkeit der Wissensbasen bzw. der Modelle, und damit von der Entwicklungsmethodik ab.

Nur wenn die Entwicklungsmethodik die Erstellung von Wissensbasen und Modellen integrativ vorsieht kann die Diagnose diese kostengünstig verwenden. Sobald die Komplexität der Fahrzeugfunktionen eine funktionale Verantwortung im Unternehmensbereich Entwicklung erfordert, wird die Notwendigkeit zur Modellierung der Funktionen verstärkt erkannt werden.

Die Erstellung der Modelle und Wissensbasen allein für die Diagnose stellt einen nicht wirtschaftlichen Zusatzaufwand dar.

2.2. Fahrzeug-Montageprozess

Der Fahrzeug-Montageprozess wird in seinen Grundzügen beschrieben, um die Herausforderungen der Qualitätssicherung im Montageablauf darzustellen. Besonderer Fokus wurde auf die Montage der Elektronikkomponenten in Hardware und Software gelegt. [BaFo05]

Der Fahrzeug-Montageprozess beginnt mit der Anlieferung der lackierten Rohkarosserie aus der Produktionsprozesskette Presswerk-Rohbau-Lackierung und endet mit der Übergabe des fertig gestellten und geprüften Fahrzeugs an die Vertriebsorganisation, welche den Transport und den Verkauf organisiert.

Die Fahrzeug-Montage erfolgt überwiegend im kontinuierlichen Fertigungsfluss. Die Fördertechnik für die Bewegung des Fahrzeugs besteht zu Montagebeginn aus sogenannten C-Gehängen, nach Montage der Räder aus Platten- oder Gummi-Bändern. Die Montage ist in Stationen gegliedert. Die Durchlaufzeit je Station (Takt) beträgt zwischen 1 und 7 Minuten. Der Takt ist in Abhängigkeit von der Produktionsstückzahl/Tag, der Anzahl der Arbeits-schichten/Tag und den Arbeitszeit-Kosten festgelegt.

Der Inneneinbau umfasst das Einlegen und Montieren der Komponenten Kabelsatz, Sensoren, Aktoren und Elektronik-Steuergeräte, die Cockpit-Montage sowie das Montieren der Interieur-Komponenten.

Der Wertschöpfungsanteil der elektronischen Komponenten im Fahrzeug wird insbe-sondere in dieser frühen Montagephase deutlich. Der Kabelsatz umfasst mehrere hundert Meter Kupferkabel und teilweise Glasfasern, er wiegt zwischen 10 und 20 kg. Aus Gründen der Ergonomie muss der Kabelsatz zumeist mit Handhabungsgeräten in das Fahrzeuginnere gehoben werden. Der gefaltet angelieferte Kabelsatz wird manuell verteilt, gegen Klappergeräusche im Fahrzeugbetrieb mit Schaumstoffteilen gedämmt und zumeist mit Clipsen befestigt. Kabelsatzstränge die durch Öffnungen in der Karosserie gefädelt werden, sind mit Schutzteilen gegen Beschädigung geschützt.

Nach dem Einlegen des Kabelsatzes werden bis zu 60 Steuergeräte und weitere Elektronik-komponenten der Sensorik und der Aktorik mechanisch montiert und mit dem Kabelsatz durch Steckverbinder elektrisch verbunden.

Besonderer Aufmerksamkeit bedarf die Herstellung der elektrischen Massestellen. Die Festigkeit und die elektrische Kontaktsicherheit der Verschraubungen wird über drehmomentgeführte Elektroschrauber sichergestellt.

Elektronik-Steuergeräte und einzelne Sensoren müssen im Logistik- und Montageprozess gegen elektrostatische Entladungen (ESD- Elektro static discharge) geschützt werden. Diese Schutzmaßnahmen betreffen die Leitfähigkeit der Behälter (Ladungsträger), der Bodenbeläge, der Materialbereitstellung und der Arbeitskleidung des Werkers.

Der Bereich Fahrwerkmontage umfasst die Montage der Scheiben, sowie den Zusammenbau von der vormontierten Karosserie und des vormontierten Antriebsaggregats, der in der Fachsprache auch als Hochzeit bezeichnet wird. Auf die Hochzeit folgen die Montageschritte zur Komplettierung des Fahrzeugs mit Sitzen, Türen, sowie der Räder.

Der Fahrwerk-Montageprozess wird mit der Erstinbetriebnahme der Fahrzeug-Elektronik-Systeme inklusive der Programmierung der Steuergeräte und dem Motor-Erststart abgeschlossen. Die Erstinbetriebnahme der Fahrzeugelektroniksysteme umfasst die Prüfung auf Verbau der richtigen Teilenummer von Hardware und Software, die Abfrage der Ergebnisse der Onboard-Diagnose, sowie teilweise das Programmieren von Programm-code und Daten. **Die Prüfung der statischen Fahrzeugelektroniksysteme erfolgt in diesem Bandabschnitt.**

An die Fahrwerkmontage schließt sich der Bereich **Fahrtechnik** an. Hier ist die Prüfstandtechnik in Form des Fahrwerkseinstellstands, des Rollenprüfstands für Einstellung und Prüfung von Motor, Getriebe und Bremsen, sowie die Wasser-Dichtheitsprüfung (Regenprobe) installiert. Abgeschlossen wird die Fahrzeug-Montage mit dem **Bereich Fahrzeugfertigstellung.** Nach der Durchführung von letzten Qualitätsprüfungen wird das Fahrzeug für den Transport vorbereitet. Am Ende dieser Linie findet die Übergabe an die Vertriebsorganisation statt.

2.3. Prüfverfahren für die Montage

Die Prüfplanung umfasst die Planung der Qualitätsprüfung im gesamten Produktionsablauf vom Wareneingang bis zur Auslieferung. Sie dient der Umsetzung von Qualitätsanforderungen, die an Produkte und Verfahren gestellt sind. Mit der Prüfplanung werden unter wirtschaftlichen Aspekten die Prüftätigkeiten und Prüfvorgänge nach Ort, Häufigkeit und Zeitpunkt im Fertigungsablauf festgelegt.

Die Prüfverfahren werden im Rahmen der Prüfplanung, welche organisatorisch zu der Produktionsplanung gehört, definiert.

Kernaufgabe der Prüfplanung ist die Entscheidungsfindung über die Prüfnotwendigkeit, den Prüfablauf, die Prüfhäufigkeit, die Prüfmethode, die Prüfmittel und die Prüfdatenverarbeitung.

Der Prüfablauf in einem Montagewerk ist durch Sequenzen beschrieben. Inbetriebnahmen (Sequenz 1 und 3) und Prüfungen (Sequenz 2, 4, 5, 6) sind in einer logischen Folge festgelegt. Die Folge der Prüfsequenzen (Abbildung 2-8) ergibt sich aus der jeweiligen Vollständigkeit der Montageumfänge und der Einstellungen.

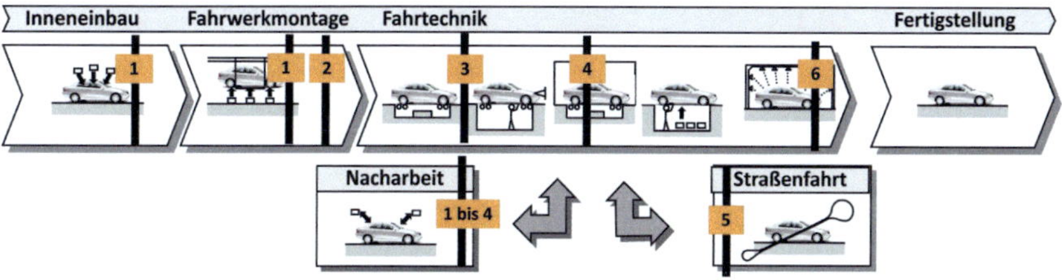

Abbildung 2-9 Beispielhafte Darstellung der Prüfsequenzen in der Fahrzeugmontage

Die Prüfung der wertschöpfenden Montagearbeiten erfolgt im Rahmen des sogenannten kleinen Regelkreises durch den Werker. **Diese Prüfungen werden möglichst unmittelbar nach Abschluss des jeweiligen teilefügenden Montageschritts durchgeführt.**

<table>
<tr><td>

Prüfungen in der Fahrzeug-Montage

Korrektheit der verbauten Teile und der Festigkeit mechanischer Verschraubungen

Position von Teilen und Prüfen der Spaltmaße

Korrektheit von Einstellungen

Funktion und Dichtheit von elektrischen, pneumatischen und hydraulischen Verbindungen

Sicherheitsrelevante Funktionen

</td></tr>
</table>

Abbildung 2-10 Tabelle Prüfungen in der Fahrzeug-Montage

Das Prüfkonzept umfasst neben der Prozessdefinition auch Prüfmethoden und eine sichere und kostenverträgliche Prüftechnik.

Prüfungen und Einstellungen an komplexen miteinander in Funktionsbeziehungen stehenden Fahrzeugsystemen, wie z.B. Fahrwerk, Motor/Getriebe werden mithilfe von Prüfständen durchgeführt. Auch hier gilt es zuerst den Montageschritt „Einstellung" durchzuführen und danach die (Über-) Prüfung. Als Beispiele seien die Prüfstände für die Fahrwerkseinstellung, sowie der Motor- und Bremsenprüfstand genannt.

Der **Fahrwerk- und Scheinwerfereinstellstand** dient als Mess- und Prüfmittel für die

- Sicherstellung der Fahrsicherheit und des Fahrkomforts
- Einstellung des Geradeauslaufs bei exakt horizontaler Stellung des Lenkrads
- Qualitätskontrolle des korrekten Einbaus und Voreinstellung der Hinterachse
- Einstellung der Haupt- und Nebelscheinwerfer bzgl. der vertikalen und horizontalen Ausrichtung der Lichtbündel

Auf dem **Rollenprüfstand** werden Sicherheitsfunktionen und weitere Funktionalitäten, die aus Kundensicht relevant sind geprüft. Der Rollenprüfstand dient als Mess- und Prüfmittel für:

- Geführte Fahrkurve durchfahren
- Bremskraftwerte der Einzelräder messen
- Feststellbremse prüfen
- Brems- und Beschleunigungswerte prüfen
- Prüfung der dynamischen Fahrzeugsysteme Motor, Getriebe und andere Aggregate
- Gelenkwellen-Unwucht messen

Während mechanische Komponenten mit optischen und mechanischen Hilfsmitteln oder mit den menschlichen Sinnen überprüfbar sind, verschließen sich **elektrische und elektronische Fahrzeugkomponenten** diesen Prüf-Verfahren. Fahrzeug-Komponenten die einen Mikroprozessor beinhalten oder an einen solchen angeschlossen sind, bieten die technische Möglichkeit der Überwachung oder der Eigen-Diagnose.

Die Fahrzeugdiagnose, insbesondere die onboardseitige Implementierung, ist eine bedeutende Säule der Prüftechnik in der Montage. Die Diagnosefunktionen stellen die elementare Basis der Prüfung von Fahrzeug-Funktionen dar. Deswegen spielt in der Fahrzeug-Montage die Diagnose und Abfrage der Betriebszustände und der Diagnoseergebnisse von elektrischen/elektronischen Fahrzeug-Komponenten eine wichtige Rolle. [BaFo05]

Die Inbetriebnahmen von Elektrik/Elektronik-Systemen umfassen das erstmalige Anlegen der Betriebsspannung, das Codieren/Parametrieren und die Programmierung der Steuergeräte mit Software-Umfängen (Flashen). Das Codieren/Parametrieren/Flashen wird als Umfang der Montage auf Basis der Standard-Teilebedarfsermittlung betrachtet, wobei in diesem Fall die

Teile nicht physikalisch greifbar sind. Die Fertigungsumfänge Flashen können heute im Montageband, bedingt durch die relativ lange Laufzeit des Programmiervorgangs, nur begrenzt eingesetzt werden. In einem ersten Schritt wird das Flashen von Steuergeräten in der Nähe der Montagestation eingeführt.

Mit der Erstinbetriebnahme der Steuergeräte wird die integrierte **Eigendiagnose der elektronischen Steuergeräte (Onboard-Diagnose)** aktiv. Der Mikrocontroller des Steuergeräts verrichtet dabei die Arbeitsschritte zur Überprüfung der Eingänge und Ausgänge auf Kurzschluss, Leerlauf und Plausibilität. Dieser Diagnosebasisdienst ist heute ein Grundpfeiler der Elektronikdiagnose in der Fahrzeugmontage.

Die folgende Tabelle zeigt eine Auswahl der wichtigsten Prüfmethoden auf:

Prüfmethoden in einem Montagewerk
Überprüfung der Drehmomente von Schraubverbindungen mit manuellen oder automatischen Drehmomentschlüsseln
Sichtprüfung des Teils und der Verbauposition
Prüfung der elektronischen Systeme mit computerbasierten Diagnosegeräten
Laserbasierte Fahrwerksvermessung und Einstellung
Automatisierte Einstellung und Prüfung der Antriebsfunktionen und der Bremsen auf einem Rollenprüfstand
Prüfung der Regendichtheit durch Beregnungsanlagen
Funktionsprüfung der statischen und der fahrdynamischen Systeme

Abbildung 2-11 Tabelle Prüfmethoden in einem Montagewerk

Zusammenfassend ist anzumerken das der Fokus der aktuellen Prüfplanung auf der Auswahl der Prüfmethoden und der Spezifikation der Prüfanlagen liegt. **Die Auswahl der Prüfungen beschränkt sich im Wesentlichen auf die Umsetzung der Vorgaben aus der Produktentwicklung und der Qualitätssicherung, sowie auf eine möglichst vollständige Prüfung der EE-Systeme im Rahmen der Erstinbetriebnahme.**

Eine analytische Bewertung und Auswahl der Prüfungen findet kaum statt. Entsprechende Verfahren und Algorithmen sind Ansatzweise bekannt, aber in der industriellen Praxis nicht eingeführt.

2.4. Stand der Technik - Zusammenfassung

Ausgehend von dem in Kapitel 1 beschriebenen Drehbuch der Arbeit wurden in Kapitel 2 der Stand der Technik bezüglich der **Fahrzeugdiagnose**, der **Fahrzeug-Montageprozesse**, sowie der **Prüfverfahren in der Montage** beschrieben.

Die **Fahrzeugdiagnose** hat mit dem zunehmenden Einsatz von elektrischen und elektronischen Bauteilen im Automobil rasante Fortschritte gemacht. Ein kurzer Abriss der Geschichte der Fahrzeugelektronik zeigt auf, dass die Entwicklungsschritte der Fahrzeug-Elektrik/Elektronik eng mit den Technologieschritten der Halbleiterbauelemente, vom Transistor bis hin zu dem Mikroprozessor verknüpft sind. Die Fahrzeugelektronik entwickelte sich aus der Fahrzeugelektrik mit der sukzessiven Einführung des Mikroprozessors in automobile Serienanwendungen.

Es wurde dargestellt, dass der Einsatz wissensbasierter und modellbasierter Diagnosesysteme im Wesentlichen von der Verfügbarkeit der Wissensbasen bzw. der Modelle und damit von der Entwicklungsmethodik abhängt. Nur wenn die Entwicklungsmethodik die Erstellung von Wissensbasen und Modellen integrativ vorsieht, kann das Diagnoseverfahren kostengünstig darauf aufbauen. Die Erstellung der Modelle und Wissensbasen allein für die Diagnose stellt einen nicht wirtschaftlichen Zusatzaufwand dar.

Der **Fahrzeug-Montageprozess** wird in seinen Grundzügen beschrieben um die Herausforderungen der Qualitätssicherung im Montageablauf darzustellen. Ein besonderer Fokus wurde auf die Montage der Elektronikkomponenten in Hardware und Software gelegt.

Die Aufgabe der Prüfplanung ist die Planung der Qualitätsprüfung im gesamten Produktionsablauf vom Wareneingang bis zur Auslieferung, dabei sind Entscheidungen zu treffen über die Prüfnotwendigkeit, den Prüfablauf, die Prüfhäufigkeit, die Prüfmethode, die Prüfmittel, die Prüfdatenverarbeitung. Die wichtigsten Prüfungen und Prüfmethoden wurden dargestellt.

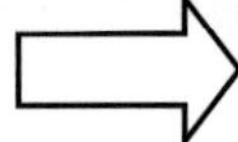

Problemstellung

- Reduktion der Menge der Prüfungen
- Aktuelle Basis ist die Erfahrung
- Es ist kein mathematisches Verfahren im Einsatz
- Ein numerisches Verfahren wird benötigt

Abbildung 2-12 Problemstellung

Es wurde festgestellt, dass der Fokus der aktuellen Prüfplanung auf der Auswahl der Prüfmethoden und der Spezifikation der Prüfanlagen liegt. Die Auswahl der Prüfungen beschränkt sich im Wesentlichen auf die Umsetzung der Vorgaben aus der Produktentwicklung und der Qualitätssicherung, sowie auf eine möglichst vollständige Prüfung der EE-Systeme im Rahmen der Erstinbetriebnahme.

Eine analytische Bewertung und Auswahl der Prüfungen findet aktuell kaum statt.

Geeignete Verfahren und Algorithmen für eine analytische Vorgehensweise sind ansatzweise bekannt, aber in der industriellen Praxis nicht eingeführt.

3. Grundlagen und Analyse bestehender Ansätze

Ein Zitat von Albert Einstein weist den Weg zu einer neuen Vorgehensweise, nämlich der Änderung der Denkweise und der Betrachtung des gesamten Problemumfelds.

„Probleme kann man niemals mit derselben Denkweise lösen, durch die sie entstanden sind."

Im Falle der vorliegenden Zielsetzung „Prüfungen zur Qualitätssicherung planen" ist die Erweiterung des Betrachtungsfelds auf gesellschaftlich/soziale und technisch/technologische Rahmenbedingungen geboten.

Abbildung 3-1   Betrachtungsfeld auf dem Weg zu einer neuen Prüfplanung

Dabei sind unter den gesellschaftlich/sozialen Rahmenbedingungen die Organisationsstruktur und die Kooperationsfähigkeiten in Unternehmen, die gesetzlichen Rahmenbedingungen, sowie die gesellschaftlich tolerierten Risiken zusammengefasst.

Die **Gesetzgebung umfasst Vorgaben** zur Abgas-Emission, zur Sicherheit, zu dem Ausstellen und Inverkehrbringen sowie zur Produkthaftung.

Die technisch/technologischen Rahmenbedingungen wurden auf die Betrachtung der Normen und der IT-Technologie fokussiert.

Im Folgenden werden die Grundlagen und bestehenden Ansätze bezüglich der Themen „Kooperierende Organisation", „Technisches Risikomanagement", „Gesetzliche und normative Rahmenbedingungen" sowie „IT-Integration" betrachtet.

3.1. Organisation

Für das Verständnis der folgenden Kapitel ist das Verständnis der Organisationsstruktur eines Unternehmens, das sich mit der Herstellung und Vertrieb von Produkten beschäftigt, erforderlich. Die Spezialisierung der Funktionen ist anhängig von der Unternehmensgröße und der Branche. In der Automobilindustrie hat sich die im Folgenden dargestellte Organisationstruktur herausgebildet.

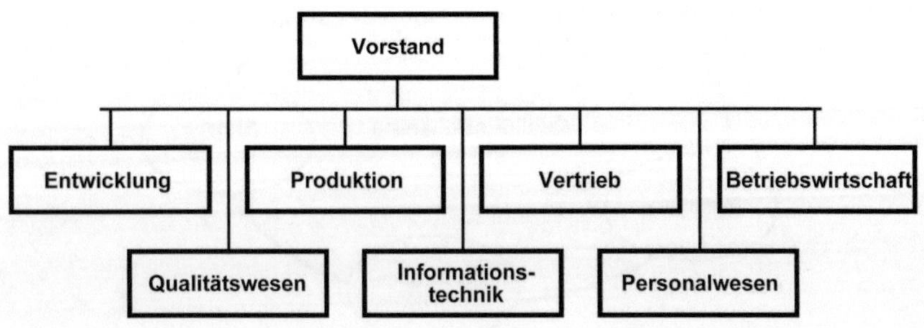

Abbildung 3-2 Typische Unternehmensorganisation in der Industrie

In sehr großen Unternehmen werden die dargestellten Unternehmensbereiche teilweise von Bereichsvorständen geleitet. Die im obigen Bild als Vorstand dargestellte Funktion wird dann als Vorstandssprecher oder Vorstandsvorsitzender bezeichnet.

Der **Unternehmensbereich Entwicklung** verantwortet die **Spezifikation, Gestaltung, Erprobung, Zertifizierung und Produktionsfreigabe des Produkts** mitsamt seiner Komponenten. Dabei ist die Verantwortung unabhängig von dem Aspekt der Eigen- oder Fremdfertigung zu sehen.

Dem **Unternehmensbereich Produktion** ist die Aufgabe der **termingerechten, bestellmengen- und qualitätskonforme Herstellung der Produkte** zugewiesen. Die Bestellung der benötigten Rohstoffe, Vorprodukte und Teile wird im Rahmen des Lieferantenvertrags (verantwortlich Einkauf) durch die Produktion gesteuert. **Die Produktionsplanung ist üblicherweise im Unternehmensbereich Produktion angesiedelt.**

Das Qualitätswesen formuliert die Qualitätsziele und –standards. Der Unternehmensbereich erstellt Prozessvorgaben für die an der Produktentstehung beteiligten Unternehmensbereiche. Er überwacht die Einhaltung der Qualitätsvorgaben im Unternehmen und beobachtet die Produktqualität im Feld.

Der **Unternehmensbereich Vertrieb** organisiert das **Marketing und den Verkauf** der Produkte. Der Unternehmensbereich übernimmt die von der Produktion zum Verkauf freigegebenen Produkte, organisiert den Transport in die Märkte und liefert die Produkte an den Kunden aus. Weiterhin sind im Vertrieb das Ersatzteilwesen und der Service organisiert.

3.1.1.   Kooperierende Organisation

Die Kooperation zwischen Ingenieuren und Ingenieurinnen, die im Prozess der Produktentwicklung arbeiten, ist von der **Effizienz der menschlichen Kommunikation** und der **Effizienz der technischen Dokumentationssysteme** innerhalb und zwischen den Abteilungen geprägt. [ToLe94, MiLe00, ErLe06]

Die in diesem Kapitel vorgestellten **Forschungsergebnisse wurden vom Autor** im Rahmen eines Forschungsprojekts an der Stanford-University erarbeitet.   Insbesondere wird die Bedeutung der Kooperation und Kommunikation zwischen den an der **Produktentwicklung in verschiedenen Unternehmensbereichen beteiligten Ingenieuren** diskutiert (Abbildung 3-3). Nach der Problemanalyse werden zugeschnittene Lösungen zur Verbesserung der **Kommunikation auf der verhaltens-, organisations- und informationstechnischen Ebene** vorgestellt.

Abbildung 3-3 International verteilte Produktentwicklung beim Fahrzeughersteller und den Lieferanten

Da mit der Entfernung zwischen den Arbeitsplätzen der Austausch verbaler Informationen überproportional abnimmt, ist es verständlich, dass es in Unternehmen besonderer Maßnahmen bedarf den Informationsfluss aller an der Produktentwicklung beteiligter Ingenieure und Techniker zu organisieren. [LeEr02, GrLe06]

Insbesondere über die Grenzen der Unternehmensbereiche Entwicklung, Produktion und Vertrieb hinweg erscheint den Beteiligten die Entstehung und Verteilung der Produktdaten (Zeichnungen, Spezifikationen, Qualitätsmerkmale etc.) häufig unkoordiniert und unstrukturiert (siehe Kapitel 3.1.2.).

Produktdaten werden in der akademischen Abstraktion als Wissen bezeichnet. Das Wissen ist für Menschen sehr stark mit dem intellektuellen und sprachlichen Verstehen und damit dem Kulturkreis oder der Zugehörigkeit zu einer gesellschaftlichen Gruppe verknüpft.

Der Begriff Ingenieur schließt im Folgenden die weiblichen Ingenieure mit ein. Ausschließlich aus Gründen der besseren Lesbarkeit wird auf die zusätzliche Nennung der weiblichen Begriffsform verzichtet.

3.1.2. Analyse

Die Analyse der für eine bestmögliche Kooperation wesentlichen Fähigkeiten erfolgte auf Basis von Interviews mit Ingenieuren in verschiedenen Unternehmensbereichen der Automobilindustrie im Jahr 2000, die von Frau Sigrid Müller (Stanford Learning Lab, Stanford University) durchgeführt wurde.

Im Allgemeinen ist ein Sozial- und Verhaltens-Defizit festzustellen, welches verstärkt in großen Unternehmen zu finden ist: **Ein einzelner Angestellter identifiziert sich sehr stark mit seinem Team oder seinem Projekt, nicht aber notwendigerweise mit dem Unternehmen als Gesamtes.**

Dieses Verhalten wird durch eine, von der Unternehmenskultur vielfach erzwungene, Fokusierung der Führungsebenen auf die individuellen Ziele des eigenen Verantwortungsbereichs noch unterstützt.

Die Entwicklung eigener Bereichskulturen und -identitäten verstärkt die Kommunikations- und Verhaltensprobleme. Ziel eines Unternehmens muss deswegen die Schaffung einer gemeinsamen Unternehmenskultur sein.

Die Organisation in verschiedene Unternehmensbereiche führt zwangsläufig zu Zielformulierungen, deren Erfüllung für den jeweiligen Bereich von Vorteil ist. Von Vorteil kann z.B. ein Überschuss für Unternehmensbereiche mit eigenen Einnahmen sein. Auch kann ein Überschuss gegenüber der Planung, herbeigeführt durch Minderausgaben von Vorteil sein. Das Erreichen technischer Größen oder das Erreichen von Personalabbauzahlen können ebenso als Ziel formuliert sein.

Die Gliederung der Organisationen nach Produktmodellen oder-gruppen führt zusätzlich zu dem Effekt der Selbsterhaltung. Nach Abschluss der Produktentwicklung wird nahezu automatisch das Nachfolgeprodukt, meist noch grösser und aufwändiger konzipiert.

Für den Käufer oder Nutzer des Produkts haben die Ziele der Unternehmensbereiche, d.h. die unternehmensinternen Zielsetzungen keine oder nur wenig Bedeutung.

Zielsetzungen in Geschäftsprozessen welche horizontal über mehrere Unternehmensbereiche hinweg wirken, wie zum Beispiel die „Produktqualität im Feld", sind häufig vernachlässigt. Gerade der Kunde profitiert jedoch von Zielsetzungen die das Endprodukt bezüglich Qualität, Energieverbrauch oder Kaufpreis betreffen.

Die Standardlösung zur Bewältigung von horizontalen Geschäftsprozesszielen ist die Bildung eines unternehmensbereichsübergreifenden Projekts. Die Bildung von Projekten und Projektteams allein kann jedoch das Verhaltensdefizit nicht bewältigen.

Projektmitarbeiter werden häufig nur für die Projektlaufzeit von ihren Linienaufgaben entbunden, oder sie bearbeiten **Projektaufgaben parallel zur Linienaufgabe**.

Die Leistungsbeurteilung und -anerkennung erfolgt häufig weiterhin durch die Linienorganisation.

Für eine erfolgreiche Beurteilung und spätere Wiedereingliederung des Projektmitarbeiters in die Linienorganisation, muss der Projektmitarbeiter bereits im Vorfeld im Sinne des Linienbereichs wirken.

Die Abhängigkeit vom Linienbereich bewirkt, dass der Projektmitarbeiter nicht mehr in der Lage ist die Projektziele, welche ggf. nicht in Einklang mit den Zielen der Linienorganisation sind, zu verfolgen.

3.1.2.1. Rolle Informationssuchender

Ingenieure sind in einem wesentlichen Teil ihrer Arbeitszeit mit der Informationsbeschaffung befasst. Insbesondere Ingenieure die mit Systemintegrationen, der Planung der Produktionsprozesse, der **Prüfplanung** oder der Aftersales-Prozesse befasst sind, befinden sich schnell in der Rolle des Informationssuchenden (Information seeker).

©2009 fotolia

Abbildung 3-4 Diskutierendes Team

Als „Informationssuchende" werden im Folgenden die Ingenieure bezeichnet, die im Rahmen der dem Entwicklungsprozess nachgelagerten Prozesse im Qualitätswesen, in der Produktionsplanung und im Aftersales Produktinformationen benötigen.

Im Qualitätswesen müssen Ingenieursteams nach jeder Produktänderung abschätzen ob neue Qualitätsmaßstäbe und Standards entwickelt werden müssen. Dazu benötigen sie die Entwicklungsdokumentation. Gleiches gilt für die Produktionsplanung. Muss der Transportbehälter für das Teil, der Montage-/Prüf-Prozess oder der Programmierprozess für das Steuergerät, nach einer Konstruktionsänderung geändert werden?

Der Informationssuchende ist auf die verbale Kommunikation persönlich und telefonisch, oder auf die Email-Kommunikation angewiesen, wenn er die benötigten Informationen nicht in unternehmensweiten Dokumentationssystemen findet oder diese noch nicht freigegeben sind.

Die Problemanalyse in Form von Interviews mit ausgewählten „Informationssuchenden" Ingenieuren lieferte folgende Ergebnisse:

Sozialer und Verhaltens-Aspekt

Es besteht eine unsymmetrische Beziehung zu dem Gegenpol dem informationsliefernden Ingenieur, da der Informationssuchende keine Gegenleistung anzubieten hat. Eine monetäre Gegenleistung in Form von Budget-Transfers wird aufgrund des Abrechnungsaufwands von keiner der beiden Parteien vorgeschlagen.

Der informationsgebende Ingenieur hält zeitweise Informationen mit dem Argument „ist noch nicht freigegeben" oder „muss noch geändert werden" zurück. Der Informationsgebende hat wenig Verständnis für den Informationsbedarf des Informationssuchenden „Warum wollen Sie das jetzt wissen?" Mit Hilfe persönliche Kontakte und in zeitaufwändigen Besprechungsterminen muss der Informationsgebende Ingenieur von dem Bedarf überzeugt werden.

Informations-Aspekt

Es existiert keine zentrale Informationsverteilung für alle am Produktentwicklungsprozess beteiligten Ingenieure. Versionierung und Zuordnung der Dokumente sind nicht transparent.

Der Entwicklungsprozess fokusiert auf die Soll-Funktion der Systeme, die Eigendiagnose, die Systemreaktion im Fehlerfall und die Qualitätsmerkmale werden für den Informations-suchenden in Produktionsplanung, Qualitätswesen und Aftersales oftmals zeitlich zu spät definiert.

Die Organisation und Zuständigkeiten der Ingenieure sind außerhalb des eigenen Unternehmensbereichs nicht durchgängig bekannt.

3.1.2.2. Rolle Informationsgeber

Informationsgeber sind Ingenieure die Systeme, Subsysteme und Komponenten entwickeln, modellieren, simulieren und erproben. Sie ist schnell mit einer Fülle von Anfragen aus anderen Unternehmensbereichen befasst. Im optimalen Fall kennt der Ingenieur die angefragten Informationen, im ungünstigsten Fall muss er diese bei seinem Entwicklungspartner beim Zulieferer (System-Lieferanten) erfragen.

Der Informationsgeber (Information provider) ist der Gegenpol des Informationssuchenden.

©2009 fotolia

Abbildung 3-5 Kooperatives Team

Um die komplexen Sachverhalte der Fahrzeugsysteme zu kommunizieren muss der Informationsgeber umfangreiche Beschreibungen für Dritte verständlich erstellen und ständig auf dem aktuellen Stand halten. Die Pflege der Datenumfänge und die Beantwortung der Anfragen erfordert seine Zeit und er findet dafür nicht notwendigerweise Anerkennung bei seinen Vorgesetzten.

Ingenieure aus dem Entwicklungsbereich beschreiben, dass aktuell nicht alle Umstände und alle Anforderungen der nachgelagerten Prozesse bedacht werden können. Das daraus resultierende Risikopotential und die Konsequenzen werden heute vielfach nicht berücksichtigt.

Neben den verschiedenen Rollen gibt es die Thematik der Prozessüberlappungen. Theoretisch kann der Informationssuchende erst mit seiner Arbeit beginnen, wenn der Informationsgeber die erforderlichen Informationen dokumentiert und freigegeben hat. In der Praxis ist durch die Straffung der Entwicklungszyklen für ein neues Produkt von ehemals 6 Jahre auf aktuell weniger als 3 Jahre eine verstärkte Parallelisierung der Prozesse in Entwicklung, Qualitätswesen, Produktionsplanung und Aftersales erforderlich.

Die Problemanalyse in Form von Interviews mit ausgewählten „Informationsgebenden" Ingenieuren erbrachte folgende Ergebnisse:

Sozialer und Verhaltens-Aspekt

Der Aufwand zur Beantwortung der individuellen Anfragen aus den anderen Unternehmensbereichen erfordere einen zu hohen Arbeitsaufwand. Der Informationsgebende Ingenieur wünscht sich mehr Informationen über die Qualität und das Verhalten seiner Produkte beim Kunden im Feld, sowie in der Produktion.

Informations-Aspekt

Die Ingenieure im Entwicklungsbereich wünschen sich mehr systematische Rückmeldung über die Qualität der Daten die sie an andere Unternehmensbereiche liefern. Sie erhalten diese Rückmeldungen aktuell sehr zufällig und nur sporadisch.

Diese Rückmeldung könnte helfen die Daten-Qualität und die Dokumentation besser auf den Bedarf der Anfragenden zuzuschneiden. Für eine durchgängige Produktdokumentation ist die detaillierte Beschreibung in sogenannten Metasprachen erforderlich. Metasprachen sind Kunstsprachen zur Beschreibung zumeist technischer Sachverhalte. Die Bedienung der Software-Werkzeuge zur Dokumentation in Metasprachen erfordert Schulung und laufende Übung.

3.1.2.3. Elektronische-Kommunikation

Der verbreitete Einsatz von elektronischer Post (email) verstärkt die bereits durch Zeitmangel und räumliche Distanz bestehenden Hemmnisse der verbalen Kommunikation weiter. Die in der menschlichen Stimme zusätzlich vermittelten Informationen werden über Email nicht übertragen.

©2009 *fotolia*

Abbildung 3-6   Satellitengestützte weltweite Kommunikation

Der Stenographie-artige Stil der Email-Kommunikation zwischen Ingenieuren schließt das Übertragen jeglicher Zusatzinformationen über die persönliche und berufliche Situation, sowie über die Kooperationsbereitschaft des Kommunikationspartners weitestgehend aus.

Interviews mit betroffenen Ingenieuren in der Automobilindustrie zeigten sowohl im Empfang als auch im Versand von Emails massive Unzufriedenheit mit der aktuellen Situation. Gefordert wird eine effizientere Nutzung des Kommunikationsmediums mit dem Ziel die Email-Flut einzudämmen, Wichtiges von Unwichtigem schnell trennen zu können, aber auch die Potentiale des Mediums auszunutzen. Verteilerliste scheinen heute zu groß und müssen immer wieder durch den einzelnen Ingenieur aktualisiert werden.

Insgesamt resultieren aus der Email-Kommunikation eine Fülle offener Fragen oder gar Missverständnisse. Auch hier ist kein technisches, sondern vielmehr ist ein soziales und verhaltenstypisches Problem festzustellen.

3.1.2.4. Dokumentationssysteme

Ein durchgängiger Datenaustausch erfordert eine detaillierte allgemeingültige Definition der Verantwortungen, der Prozesse, der Bezeichnungen und der Daten.

In Unternehmensbereichen von Großunternehmen entwickeln sich aufgrund von unterschiedlichen Bereichskulturen, nicht vorhandenen Begriffsdefinitionen und Prozessbeschreibungen, unterschiedliche Begriffe und Bezeichnungen für ein und denselben Sachverhalt.

Als Beispiel sei hier die Begriffsmenge „Programmieren", „Flashen", „Codieren", „Parametrieren", „SW-Update", „Reflash" für das Programmieren des Mikroprozessors im elektronischen Steuergerät genannt.

Die Liste der Beispiele ließe sich bezüglich der Bezeichnungen von Elektroniksystemen und deren Funktionen fortsetzen. Unterschiedliche Dokumentationssysteme mit verschiedenen Daten-Strukturen, Ordnungskriterien und Nomenklaturen verhindern bis heute die technisch mögliche Datenverfügbarkeit.

Der Mangel des fehlenden durchgängigen Datenaustausches zwischen Ingenieursteams verschwendet heute einen nennenswerten Teil der eingesetzten Personalressourcen.

Da schon der Austausch der technischen Kerninformationen so erschwert ist, können weitergehende Informationen wie Lernerfahrungen aus Problemen und Fehlern heute über Unternehmensweite IT-Systeme in der Regel nicht kommuniziert werden.

3.1.3. Lösungsansätze

Verständnis und Akzeptanz

Um den von nahezu allen befragten Ingenieure beklagten **Mangel an Verständnis der Kollegen in anderen Abteilungen und Unternehmensbereichen** über den eigenen Aufgabenbereich und die eigenen speziellen Bedürfnisse zu lösen, sind geeignete Kommunikationsmöglichkeiten zu schaffen. Die Ingenieure wünschen sich mehr Gelegenheiten um den Kollegen die eigenen Aufgaben und Informationsbedarfe im Einzelnen mitteilen zu können. Unternehmensbereichsübergreifende Projekte oder Bereichspräsentationen könnten Kommunikationsfenster eröffnen. **Die Schaffung von Voraussetzungen zu einer Verbesserung der Zusammenarbeit vom Beginn bis zum Ende der Produktentstehung würden die Ingenieure dazu bewegen zueinander zu stehen und ein gemeinsames Verständnis dafür zu entwickeln, wie jede Aufgabe in die andere greift und** diese wechselseitig beeinflusst.

Increased mutual understanding

Almost all interview respondents presumed a lack of understanding among colleagues from other departments or business units about the full range of their tasks and their specific needs. Therefore they wished for more occasions to interact personally with their colleagues and to have an opportunity to explain in greater detail the content of their work and projects. Cross-disciplinary projects, workshops or Open Houses could provide an important 'window' into each others' area. Especially opportunities for working together on solving a problem or developing a product from beginning to end would force everybody to stick together and forge a common understanding about how one part effects the other, and thus sharpening a sense of interdependency.

Abbildung 3-7 Zitat 1 von Prof. Larry Leifer und S.Müller, Stanford University, 2000

Organisation

Die Bildung von Projekten, über die Unternehmensbereichsgrenzen hinweg, ist ein erfolgsversprechender Ansatz für eine kooperierende Organisation. **Das Denken im Sinne der Zielsetzung des Gesamtunternehmens kann durch das vollständige Herauslösung der Ingenieure aus der Linienorganisation gefördert werden.**

Die Führung und die Beurteilung erfolgt durch die Projektleitung. Die Rückkehr-Verpflichtung des Projekt-Mitarbeiters in die entsendende Organisation ist zu vermeiden.

Es ist eine Personalrotation zu empfehlen, welche die Rollen des „informationssuchenden" und „informationsliefernden" Ingenieurs im Sinne des zyklischen Tausches berücksichtig.

Eine denkbare Rotations-Reihenfolge eines Ingenieurs zwischen den Unternehmensbereichen ist:

- Entwicklung
- Produktionsplanung
- Entwicklung
- Aftersales
- Entwicklung
- Qualitätswesen

Die unternehmensinterne Veröffentlichung eines aktuellen Mitarbeiterverzeichnisses mit seinen Basisdaten wie Telefonnummer, Email-Adresse, Standort/Gebäude/Raumnummer, erweitert um eine Auflistung der aktuellen Aufgaben und Verantwortungen, sowie seiner speziellen Kenntnisse wird sicher dazu beitragen die richtige Person zur richtigen Zeit zu finden. Informationssuchende und informationsgebende Ingenieure sind in einem solchen Verzeichnis, einschließlich ihrer Zugehörigkeit zu einem oder mehrerer Projektteams gelistet. Der Grund für eine Informationsanfrage erschließt sich auf Tastendruck.

Company wide and well maintained Employee Directory

A company wide and regularly updated staffdirectory, including not only basic information about employees, but also listing a person's current area of responsibilities and special expertise would be helpful for quickly locating a person whose advice or knowledge could be important (for instance at the beginning of a project or while solving a problem).

Abbildung 3-8   Zitat 2 von Prof. Larry Leifer und S.Müller, Stanford University, 2000

Workshops

Es wird die Organisation einer Workshop-Serie im Rahmen des Projekts vorgeschlagen um der Schaffung von gegenseitigem Verständnis, von einem gemeinsamen Ziel und der Formulierung von verbindlichen Vereinbarungen Raum zu geben.

Verständnis

- Vorstellen der Aufgabe, Zielsetzung und des Auftrags jedes Ingenieurs/Projektteams
- Erläuterung der täglichen Arbeitsinhalte und organisatorischen Notwendigkeiten wie Berichtsebenen, Genehmigungswege, Termine
- Formulierung der Erwartungen und Befürchtungen (es wird von uns erwartet, dass…, wir müssen sicherstellen, dass nicht….)
- Erstellen einer Tabelle (Aufgaben/Kompetenzen/Verantwortungen) der unterschiedlichen Aufgaben und ihrer Bedeutung für das Gesamt-Unternehmen.

Gemeinsame Ziele

- Erarbeitung einer Liste der gemeinsamen technisch-inhaltlichen Ziele
- Diskussion und Interpretation der Ziele bis alle Beteiligten „auf einem Nenner" sind.

Maßnahmen

- Vereinbarung einer Liste von verbindlichen Maßnahmen zur Verbesserung der Kommunikation und des Verständnisses
- Termine vereinbaren, bis wann die Maßnahmen umgesetzt werden

Diese Workshops liefern ein individuelles Bild über die Bedürfnisse und Verbesserungsvorschläge der an der Produktentwicklung beteiligten Ingenieure. Aus den Ergebnissen lassen sich Änderungsbedarfe der Geschäftsprozesse und der Aufgaben-/ Kompetenz-/Verantwortungszuweisungen ermitteln.

Projektgemeinschaft (e-community)

Die Bildung einer Projektgemeinschaft muss mit der Unternehmensbereichs-übergreifenden Veröffentlichung der gesamten Projektstruktur bis auf Mitarbeiter-Ebene, inklusive der Namenslisten mit Telefonnummer, Email-Adresse und Arbeitsort einhergehen.

Die Email-Kommunikation kann deutlich verbessert werden, wenn die Projekt-Namenslisten für eine Bevorzugung bzw. graphische Hervorhebung der projektinternen Emails im Email-System verwendet werden. (e-community-builder)

Alle Projektmitarbeiter erhalten für die Dauer ihres Projekteinsatzes lesenden Zugriff auf die relevanten Produktinformationen in den zumeist auch unternehmensintern besonders gesicherten Dokumentationssystemen des Entwicklungsbereichs, sowie auf die Qualitätsdaten aus dem Feld und der Produktion.

Organisation von gemeinsamen Büroflächen für die Projektmitarbeiter steigert die Kommunikation und den sozialen Zusammenhalt.

Experten-Pool (Knowledge marketplace)

Die Idee eines Experten-Pools basiert auf den Internet-basierten Mechanismen der Geschäfts-zu-Geschäfts-Kommunikation (Business to Business , BTB). Über die BTB-Mechanismen kann ein Unternehmen Produktinformationen sammeln und verteilen. Diese Systeme sind noch in Entwicklung [Web08], sie werden Arbeitsumgebungen bereitstellen, in welchen die Anwender Informationen suchen, verbreiten und wiederverwenden können. Diese Tools und Systeme werden die Entwicklungs-, Entscheidungs- und Problemlösungs-Prozesse in der Zukunft maßgeblich beeinflussen. Die individuellen Vorgehensweisen und Lösungswege des Einzelnen fließen dabei in die Abarbeitungsprozesse der Tools ein.

3.2. Risikoanalyse-Verfahren

Das technische Risikomanagement umfasst die präventive Abschätzung der möglichen Risiken, die Formulierung von Maßnahmen zu deren Verhinderung und die Absicherung nach dem Eintreten.

Häufig wird unter Risikomanagement jedoch nur der post-mortem Prozess nach einem unerwarteten Ereignis, zumeist eines durch die Natur oder durch menschliches Versagen ausgelösten Schadensfalls oder gar einer Katastrophe verstanden.

In der Bankenwelt wird die Bonität des Investors, die Wirtschaftlichkeit des Vorhabens und das mögliche Risiko der Unternehmung analysiert bevor eine Investitions- oder Kredit-Entscheidung getroffen wird. Gleiches gilt in der Versicherungs-Branche, vor einer Versicherungszusage wird das potentielle Risiko eines Schadens bewertet.

In der technischen Welt der Automobilindustrie ist der Begriff „Technisches Risiko-Management" bis heute nicht durchgängig eingeführt. Dabei sind die aus möglichen technischen Fehlern in einer Massenproduktion von jährlich ca. 1 Million Produktstückzahlen resultierenden wirtschaftlichen und Image-Risiken extrem hoch.

Insbesondere die Fahrzeug-Elektronik mit der Kombinatorik aus einer Vielzahl von Hardware-Komponenten, der Verkabelung und der Software erfordert eine Risikoanalyse.

In einer Dissertation von Stefan Geis mit dem Titel „Integrated Methodology for Production Related Risk Management of Vehicle Electronics – IMPROVE" ist der Entscheidungsprozess von Konstruktionsänderungen auf Basis eines technischen Risikomanagements behandelt. [Ge06]

In den folgenden Kapiteln 3.2.1. bis 3.2.2. sind die bekannten **Verfahren zur Risikoanalyse** beschrieben. Wissenschaftliche Arbeiten auf dem Gebiet der **Risikoanalyse von Automobilen** sind in den Kapitel 3.2.3. und 3.2.4. analysiert.

3.2.1.   Failure Mode and Effect Analysis

Die Fehlermöglichkeits- und Auswirkungsanalyse (Failure Mode and Effect Analysis - FMEA) [IEC 60812] bezeichnet eine analytische Methode um Schwachstellen im technischen System zu finden.

Dabei wird der Begriff System für Hardware, Software oder auch für einen Prozess verwendet. Die Methode wird im Rahmen des Qualitäts- und Sicherheitsmanagements mit dem Ziel der Fehlervermeidung und der Zuverlässigkeitssteigerung eingesetzt.

Die FMEA beschreibt ein systematisches Vorgehen bei der Analyse eines Systems um mögliche Fehlerzustandsarten, ihre Ursachen und ihre Auswirkungen auf das Systemverhalten zu ermitteln.

Der FMEA liegt der Gedanke der präventiven Fehlervermeidung durch eine Analyse potentieller Schwachstellen bereits in der Entwicklungsphase zu Grunde. Der frühe Einsatz wird deswegen vorgeschlagen, da in dieser Phase die Kosten/Nutzenoptimierung am wirtschaftlichsten ist.

System- FMEA

Die System-FMEA analysiert das Zusammenwirken von Teilsystemen in einem Systemverbund, sowie das Zusammenwirken mehrerer Komponenten in einem komplexen Gesamtsystem. Sie fokussiert auf die Identifikation von potentiellen Schwachstellen innerhalb des Betrachtungsumfangs, aber auch an den Schnittstellen zwischen den Komponenten oder den Teilsystemen, sowie an den Schnittstellen mit der Umwelt.

Konstruktions-FMEA

Die Konstruktions-FMEA analysiert konstruktionsbedingte potentielle Schwachstellen und Ausfallmöglichkeiten einzelner Produkte oder Bauteile

Hardware- / Software- FMEA

Die Hardware- / Software- FMEA analysiert Risiken im Bereich der Elektronik-Hardware, oder Elektronik-Software, bewertet diese und formuliert Abhilfemaßnahmen

Prozess-FMEA

Die Prozess-FMEA analysiert Risiken und Schwachstellen in Geschäfts- oder Produktionsprozessen

Abbildung 3-9 Die Ausprägungen der Failure mode and effect analysis (FMEA)

Je später eine Schwachstelle identifiziert wird, desto aufwändiger ist die Beseitigung.

Die analytische Vorgehensweise erlaubt die Wiederverwendung der gewonnen Erkenntnisse für Folge-Produkte und verhindert Fehlerwiederholungen. Die Einsatzpotentiale der FMEA sind in Veröffentlichungen der Deutsche Gesellschaft für Qualität [DGQ04], in [Ai08], sowie von Otto Eberhard [Eb03] beschrieben. Die folgende Abbildung zeigt die Erfahrungsregel (Rule of ten) der Fehlerverhütungskosten im Vergleich zu den Fehlerbehebungskosten über der Produktentstehungsphase. Die Darstellung ist von R.Schmitz. übernommen. [Sc08]

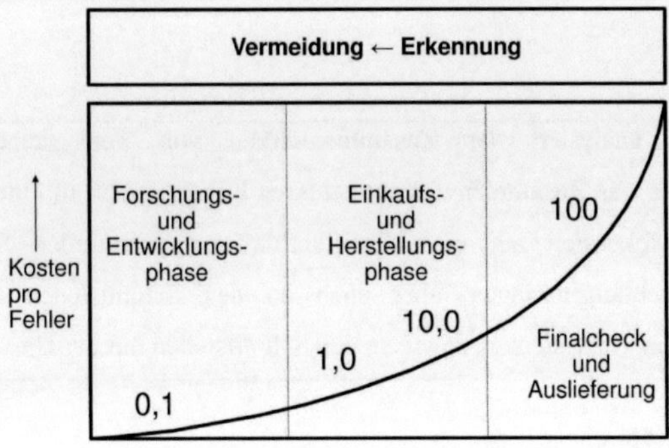

Abbildung 3-10   Fehlerverhütungskosten verglichen mit Fehlerbehebungskosten

Die FMEA ist eine Methode zur Bestimmung möglicher Ausfallarten und zu dem Bereitstellen von Eingangsinformationen für Risikominderungsmaßnahmen. Der FMEA geht die hierarchische Zerlegung des Systems in seine Grundbestandteile voraus. Das Grundprinzip der FMEA-Methode ist es, einem Prozessschritt potentielle Fehler zuzuordnen.

Zu jedem Fehler wird eine mögliche Auswirkung ermittelt. Dieser Auswirkung wird ein Zahlenwert zwischen 1 und 10 zugeteilt, dessen Größe die Bedeutung (B) für das Produkt oder den Prozess beschreiben soll. Der Zahlenwert 10 würde beispielsweise einem Fehler mit sicherheitsrelevanter Auswirkung zugeteilt. Danach wird jedem Fehler eine mögliche Ursache zugeordnet. Die Wahrscheinlichkeit des Auftretens (A) dieser Ursache, wird mit einem Zahlenwert zwischen 1 und 10 versehen. Eine 10 würde anzeigen, dass der Fehler bei mehr als 30% der Produkte auftritt.

Als nächstes Kriterium werden zu jedem Fehler die geplanten Kontrollmaßnahmen beschrieben. Jede Kontrollmaßnahme wird mit einem Wert zwischen 1 und 10 für die Entdeckungsrate (E) bewertet. Dabei steht die 10 für einen schlecht erkennbaren Mangel infolge des Fehlers.

Variable	Wertebereiche				
B Bedeutung	1 kaum wahrnehmbar	2 bis 3 unbedeutend	4 bis 6 mäßig kritisch	7 bis 8 schwer kritisch Körperverletzung gesetzl. Vorgaben	9 bis 10 äußerst kritisch Todesfall massive gesetzl. Vorgaben
A Auftreten	1 unwahrscheinlich	2 bis 3 sehr gering	4 bis 6 gering	7 bis 8 mäßig	9 bis 10 hoch
E Entdeckung	1 hoch, einfach zu entdecken	2 bis 3 mäßig	4 bis 6 gering	7 bis 8 sehr gering	9 bis 10 unwahrscheinlich

Abbildung 3-11   Wertebereiche der Variablen [TQ09]

Die Kennzahl RPZ repräsentiert die Priorität der Risiken. Die Multiplikation der Werte B, A und E, ergibt die Risikoprioritätszahl (RPZ).

$$RPZ = B \cdot A \cdot E \qquad 1 \leq RPZ \leq 1000 \qquad (3.1)$$

Für die Fehler mit hoher Risikoprioritätszahl sind alternative Vorgehensweisen zu planen. Dazu müssten Verantwortliche und Zieltermine festgelegt werden. Nach diesen Zielterminen werden die getroffenen Maßnahmen überprüft und dokumentiert. Zudem werden neue Bewertungszahlen für B, A und E festgelegt und die neue RPZ ermittelt. Wenn die neue RPZ unter einem Schwellwert von z.B. 125 liegt, gilt die Maßnahme als erfolgreich abgearbeitet. Ist dies nicht der Fall, muss eine weitere Alternative erarbeitet werden.

Kritisch bei dieser Methode ist, dass unerfahrene Anwender den Wert der Zahlen und den Rechenalgorithmus bezüglich seiner Bedeutung überschätzen. Dabei sind die Zahlen lediglich Sensoren, die nur in Verbindung mit den dazugehörigen Informationen zu nützlichen Aussagen werden.

Die FMEA kann ihre Wirkung nur entfalten, wenn für die erkannten Risiken wirksame Vermeidungsmaßnahmen entwickelt und umgesetzt werden. **Eine FMEA muss während der gesamten Produktlaufzeit gepflegt werden.** Die FMEA ist abgeschlossen, wenn das Produkt nicht mehr hergestellt wird.

3.2.2.   Design Review based on Failure Mode

Die seit Jahren in der Automobilindustrie erfolgreich eingesetzte Methode DRBFM (Design Review Based on Failure Mode) überzeugt durch Effizienz, Kreativität, schlanke Dokumentation und führt zu robusten Produkten und Prozessen. [Ka08]

Dabei ist mit weniger Aufwand eine höhere Produkt- und Prozess-Qualität zu erzielen. Ein Grund dafür ist die Arbeitskultur (Good Discussion, Good Design und Good Dissection), die sich methodisch bei der DRBFM-Methode bei Änderungen eines Produktes so zeigt, dass die beteiligten Ingenieure der unterschiedlichsten Abteilungen die Änderungen eines Designs und dessen Auswirkungen an Metaplanwänden diskutieren. Die meisten Folgefehler können so im Vorfeld vermieden werden und es wird nicht erst in hohen Stückzahlen produziert, um dann verworfen oder gar in teuren Rückrufaktionen nachgebessert zu werden.

Diese abteilungsübergreifende Diskussion und Offenlegung der Arbeiten einzelner Ingenieure entspricht noch nicht der allgemeinen Arbeitskultur, aber die Effekte sind enorm. Darüberhinaus wie auch davon unabhängig führt aber die Methode DRBFM zu einem Mehr an Wissensaustausch zwischen den Ingenieuren, an Kreativität und an Systematik bei dem Versuch, mögliche Fehler möglichst früh zu erkennen. [Ne08]

DRBFM ist eine Qualitätsmethode, die den Entwicklungsprozess eines Prozesses/Produktes im Produktentstehungsprozess (PEP) begleitet.

Mit der Weiterentwicklung der Methode FMEA (Fehler Möglichkeits- und Einflussanalyse) ist mit DRBFM ein Werkzeug für Ingenieure entstanden, welches den Formalismus bei Anwendung der Methode überwindet. Die Ingenieure konzentrieren sich im Team (Projektteam), auf die Änderungen an ihren Produkten und Prozessen.

Durch eine Fokussierung auf Änderungen wird sichergestellt, dass sich die Experten kritisch mit der Änderung auseinandersetzen. Die gewonnenen Erkenntnisse aus der DRBFM Analyse fließen als Wissen wieder in die FMEA und werten diese nicht nur auf, sondern sichern ihre anderen Projekte zusätzlich ab.

3.2.3.   Risk Analysis for Monitoring and Diagnosis

Unter Anwendung von Modellen der Risikoanalyse sind **Risikoanalysebasierte Überwachungs- und Diagnose-Systeme für die Industrie** darstellbar.

In einem Artikel aus dem Jahr 2004 beschreibt Elisabeth Paté-Cornell unter dem Titel „Risk analysis for monitoring and diagnosis of problems in the automotive industrie" [PaHa04] das Konzept eines **Risikoanalyse-Systems für die Automobilindustrie**, das im Folgenden dargestellt wird. Elisabeth Paté-Cornell hat sich intensiv mit dem Thema Technische Risikoanalysen [Pa86], u.a. mit der Risikoanalyse des Hitzeschilds der Raumfähre Space Shuttle [PaFi94], befasst.

Die Herausforderung für Risikoanalyseverfahren besteht in der Filterung der wichtigsten Informationen und in der Auswahl der richtigen Entscheidung. Onboard- und Offboard-Diagnosesysteme liefern eine Fülle von Signalen. Nicht alle Daten haben denselben Informationswert oder das Potential zu einer korrekten und zeitnahen Diagnose der wichtigsten technischen Probleme.

In der Entwicklung-, Produktions- und Betriebsphase eines Fahrzeugs können Fehlfunktionen auf Basis von **Onboard- und Offboard-Diagnosefunktionen** erkannt werden. Eine effiziente Onboard-Diagnose kann dem Fahrer in einer singulären Situation helfen, z.B. durch den Hinweis „Bei nächster Gelegenheit eine Werkstatt aufsuchen". Aber auch für einen Hersteller mit großen Produktstückzahlen kann diese Information sehr nützlich sein.

Jede Meldung eines Systemfehlers kann einen Hinweis auf ein **potentielles Problem in einer gesamten Produktionsmenge** liefern. Das Verfolgen der Meldungen aus der Gesamtmenge der im Betrieb befindlichen Fahrzeuge (Flotte) könnte dazu verwendet werden ernste Unfälle, teure Reparaturen oder gar Rückrufaktionen zu vermeiden.

Wahrscheinlichkeits-Analyseverfahren (Probabilistic analysis) liefern eine Lösung zur Priorisierung von Signalen um die Überlastung des Auswertesystems zu vermeiden. Gute Diagnosen basieren auf Wahrscheinlichkeitsdaten der Vergangenheit sowie auf der Erfahrung der Wirksamkeit der Abhilfemaßnahmen.

Die folgende Abbildung zeigt ein Konzept für die Kernprozesse des Frühwarnsystems in Form eines Einflussdiagramms.

Erfahrungen von Einzelfahrzeug-Diagnosen (Part 1) werden gesammelt und als Lernerfahrung des Herstellers aus Rückmeldungen der gesamten Flotte für Entscheidungsprozesse aufbereitet (Part 2).

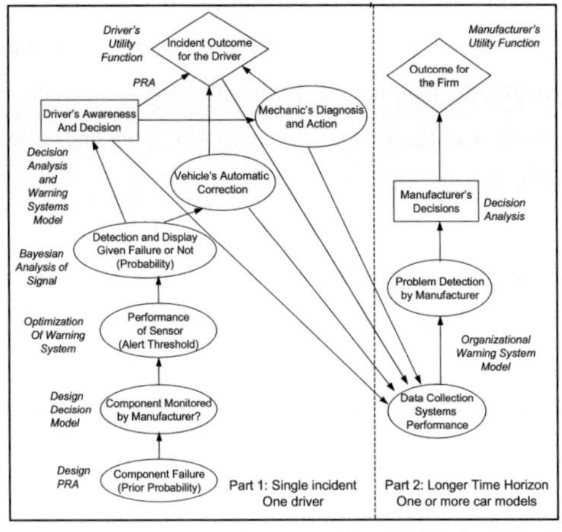

Abbildung 3-12 Einflussdiagramm „Lerneffekte aus Diagnosedaten" [PaHa04]

Bei einer Erweiterung der Betrachtung können Entscheidungen von Ingenieuren und Managern über die **Wahrscheinlichkeitsbasierte Risikoanalyse** am Produkt evaluiert und Entscheidungshilfen zur Korrektur geliefert werden.

Die **Wahrscheinlichkeitsbasierte Risikoanalyse** kann auch zur Generierung von Daten über Produktprobleme, die an Überwachungsbehörden im Rahmen von Gesetzen und Verordnungen von Produktherstellern zu liefern sind, eingesetzt werden. In USA ist die National Highway und Transportation Savety Administration (NHTSA), welche Unfalldaten aller Automobilhersteller im Rahmen des Gesetzes Tread act [NHTSA08, IHK08] erfasst und auswertet, ein typisches Beispiel einer **nationalen Überwachungsbehörde.**

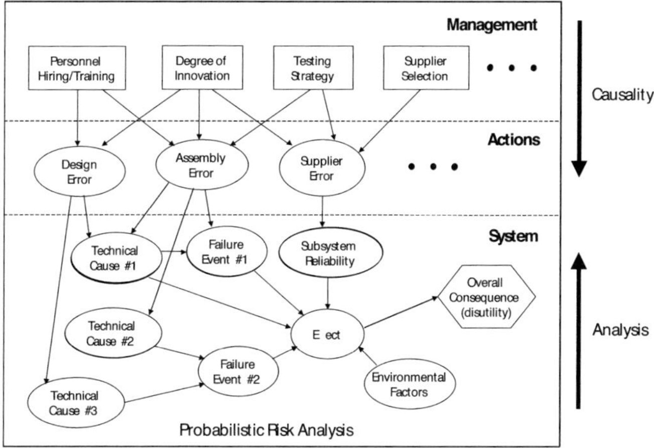

Abbildung 3-13   Ansatz einer Wahrscheinlichkeitsbasierten Risikoanalyse [PaHa04]

Das **Architekturmodell** eines denkbaren Lösungsansatzes für ein **Rückruf-Frühwarnsystem** beinhaltet das Beobachtungssystem (TS) für die Produkte und das Warnsystem (OWS).

Für die Umsetzung ist das technische System Fahrzeug zu modellieren und auch die Entscheidungswege der an der Produktentstehung oder Produktverbesserung beteiligten Unternehmensbereiche sind zu modellieren.

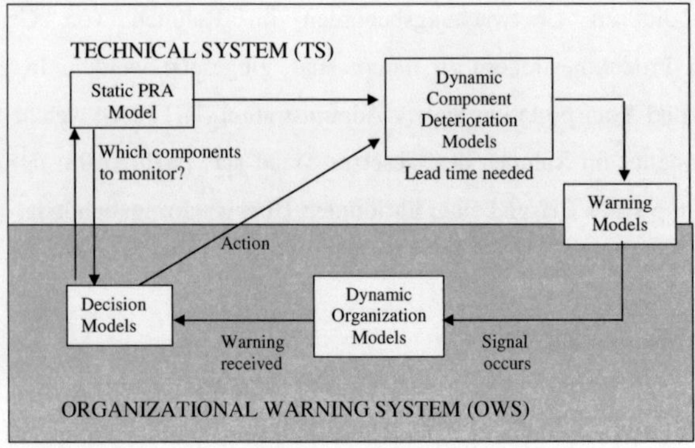

Abbildung 3-14   Elemente eines Frühwarnsystems auf Basis von Diagnosedaten [PaHa04]

In der Medizintechnik und in der Luft- und Raumfahrt-Industrie werden mathematische Wahrscheinlichkeitsverfahren bereits eingesetzt. Zusammenfassend ist festzustellen, dass bekannte **mathematische Wahrscheinlichkeits-Verfahren in der Lage sind Entscheidungshilfen auch für die Automobilindustrie** zu liefern.

3.2.4.   Probabilistic Analysis

Das Ziel der **Wahrscheinlichkeitsanalyse** (Probabilistic Analysis) im Kontext der Prüfplanung ist die **Berechnung der Wahrscheinlichkei**t eines Fehlers für eine System oder eine Komponente, bezogen auf eine vorgegebenes Zeitintervall.

Die Ausgangsgrößen der Wahrscheinlichkeitsanalyse können in Kosten/Nutzen-Modellen zur Änderung von Konstruktion oder Produktionsverfahren, in **Prüfplanungs-Modellen** oder in Frühwarnsystemen für Rückrufaktionen verarbeitet werden [PaHa04].

Die Basis der folgenden Ausführungen ist die Wahrscheinlichkeits-Theorie (Probability Theory) [Gu05, Kr05].

Ausgangsbasis für die Wahrscheinlichkeitsanalyse stellt ein Produktmodell dar.

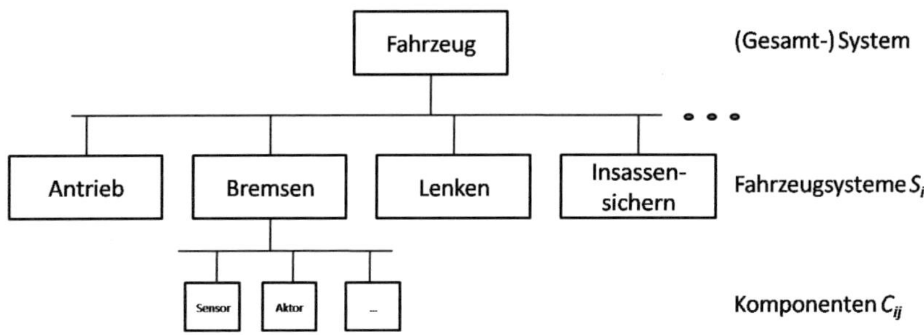

Abbildung 3-15   Einfaches Fahrzeugmodell

Es gelten folgende Definitionen:

S_i	Fahrzeugsysteme
C_{ij}	Komponenten der Fahrzeugsysteme S_i
$p(E)$	Wahrscheinlichkeit eines Ereignisses E
$p(xi)$	Wahrscheinlichkeit von Zufallsvariablen xi
EX	Mittelwert der kontinuierlichen Zufallsvariablen X
Dij	Boolsche Zufallsvariable für Existenz eines Fehlers in Komponente Cij
$P(A)$	Wahrscheinlichkeit des Ereignisses A
$P(B)$	Wahrscheinlichkeit des Ereignisses B
$p(D_{ij})$	Wahrscheinlichkeit eines Fehlers der Komponente C_{ij}
$p\beta_{ij}$	Wahrscheinlichkeit eines Fehlers der Komponente ij pro Zeiteinheit, mit Defekt
$p\alpha_{ij}$	Wahrscheinlichkeit eines Fehlers der Komponente ij pro Zeiteinheit, ohne Defekt
T^*	Zeitraum, z.B. Garantieperiode
$n(t)$	Anzahl verkaufter Fahrzeuge im Zeitraum $t\text{-}1$ und t
$N(t)$	Anzahl der Fahrzeuge im Feld, die sich noch im Garantiezeitraum befinden, zur Zeit t

$N^*(t)$ Gesamtzahl der Fahrzeuge, die im Zeitraum T^* beobachtet wurden

$x_{ij}(t)$ Anzahl der Fahrzeuge mit Fehler in Komponente C_{ij} , im Zeitraum t-1

               und t

$X_{ij}(t)$ Gesamtzahl der Fahrzeuge mit Fehler in Komponente C_{ij} , zur Zeit t

Den Ausgangspunkt stellt das Additionstheorem für disjunkte Ereignisse nach A.N. Kolmogoroff, hier „A: Fehler" und „B: kein Fehler" dar:

$$P(A \cup B) = P(A) + P(B)$$

$$\text{(3.2)}$$

Eine Zusammenfassung des Lebenswerks und der Veröffentlichungen von A.N. Kolmogoroff hat H.J. Girsch unter dem Titel „A.N. Kolmogoroff und die Ursprünge der Theorie stochastischer Prozesse" [Gi03] erstellt.

Unter der Annahme, dass der Fehler eines der Fahrzeugsysteme S_i durch einen Fehler der Komponenten C_{ij} verursacht ist, ist die Wahrscheinlichkeit $p\beta_{ij}$ eines bestehenden Fehlers und die Wahrscheinlichkeit $p\alpha_{ij}$ eines noch auftretenden Fehlers zur Zeit t zu betrachten.

Die Variable D_{ij} nimmt dabei die Werte $D_{ij}=1$ (Fehler) oder $D_{ij}=0$ (kein Fehler) an.

Die folgende Gleichung beschreibt unter den obigen Annahmen die Wahrscheinlichkeit eines Fehlers $p_{ij}(t)$ der Komponente ij zur Zeit t :

$$p_{ij}(t) = p(D_{ij})\left[(1 - p\beta_{ij})^{t-1} \cdot p\beta_{ij}\right] + \left[\left[1 - p(D_{ij})\right] \cdot \left[(1 - p\alpha_{ij})^{t-1} \cdot p\alpha_{ij}\right]\right]$$

$$\text{(3.3)}$$

Daraus kann bei bekannten Werten für die Wahrscheinlichkeit eines Fehlers der Komponente ij folgende Gleichung abgeleitet werden:

$$p(D_{ij}) = \frac{p_{ij}(t) - \left[(1 - p\alpha_{ij})^{t-1} \cdot p\alpha_{ij}\right]}{\left[(1 - p\beta_{ij})^{t-1} \cdot p\beta_{ij}\right] - \left[(1 - p\alpha_{ij})^{t-1} \cdot p\alpha_{ij}\right]} \tag{3.4}$$

Für das Monitoringmodell wird für p_{ij} ein Anfangswert geschätzt, welcher später über die Felderfahrungen aktualisiert wird, da insbesondere bei neuen Produkten keine Erfahrungen vorliegen.

Die Berechnung des aktuellen Werts von p_{ij} kann durch den Ansatz einer **Schar von Wahrscheinlichkeitsverteilungen** mit verschiedenen Parametern des Vorgänger- und Nachfolgerwerts vereinfacht werden.

Die **Wahrscheinlichkeitsverteilungen** sind auch als „Conjugate Distribution" bekannt. Ein Beispiel für eine "Conjugate Distribution" ist die **Beta Distribution.** [Ho70]

Die **„Beta density function"** für p_{ij} ist hierbei definiert als die Funktion der Anzahl von Stichproben $N^*(t)$ welche sich aus der Anzahl der im Zeitraum T^* (z.B. Garantiezeitraum) beobachteten Fahrzeuge ergibt.

Die Zahl wächst in jeder Zeitperiode (z.B. Jahr) mit $N(t)$ und liefert aus der Stichproben-Anzahl die Gesamtzahl der beobachteten Fehler.

Die Zahl $x_{ij}(t)$ wird addiert mit der kummulierten Anzahl der beobachteten Fehlers $X_{ij}(t-1)$ und liefert damit die **Gleichung der Wahrscheinlichkeitsverteilung von p_{ijt}** , abgeschätzt zur Zeit t . Dabei stellt Γ die klassische Gamma-Funktion dar.

$$f_{p_{ij}}(p_{ijt}) = Beta(X_{ij}(t), N^*(t)) = \frac{\Gamma(N^*(t))}{\Gamma(X_{ij}(t))\Gamma(N^*(t) - X_{ij}(t))} p_{ij}^{X_{ij}(t-1)}(1 - p_{ijt})^{N^*(t) - X_{ij}(t-1)}$$

mit $0 < p_{ij} < 1$ und $0 < x_{ij} < N.$ $\tag{3.5}$

Die Gleichung zeigt wie über den Zeitverlauf die Anzahl der beobachteten Fahrzeuge und die Anzahl der beobachteten Fehler der Komponenten ij die Wahrscheinlichkeits-Schätzung beeinflusst.

Aus dieser Verteilung interessiert insbesondere der Mittelwert und die Varianz von p_{ij}, der Wahrscheinlichkeit eines Fehlers in der Komponente ij, welche sich mit N^* und X_{ij} entwickeln. Mit einer steigenden Anzahl von Stichproben sinkt normalerweise, aber nicht zwangsläufig, die Varianz der Verteilung. Der Mittelwert und die Varianz sind definiert als:

$$E[p_{ij}] = m_{Beta}(X_{ij}, N^*) = \frac{X_{ij}}{N^*} \tag{3.6}$$

$$v_{Beta}(X_{ij}, N^*) = \frac{X_{ij}}{N^*}\left(1 - \frac{X_{ij}}{N^*}\right)\frac{1}{N^* + 1} \tag{3.7}$$

Beginnend mit einem geschätzten Startwert p_{ij} $(t=0)$, genannt p_{ij0}, wird auf Basis der gesammelten Fehler der im Feld befindlichen Fahrzeuge eine aktualisierte Wahrscheinlichkeit eines Fehlers t p_{ij} $(t=1)$, genannt p_{ij1}, zum Zeitpunkt t=1 berechnet werden.

Eine Iterationen in den Folgejahren ermöglichen eine fortlaufende Verbesserung der Daten. Die Erhöhung der Stichprobenmenge über die Fahrzeuglebensdauer lässt die Verkleinerung der Varianz erwarten.

3.3. Gesetze und Normen

3.3.1. Produkthaftungs-Gesetz

Das Produkthaftungsgesetz bzw. das Gesetz über die Haftung für fehlerhafte Produkte (ProdHaftG), in der Fassung vom 1.8.2002, regelt in Deutschland die Haftung eines Herstellers bei fehlerhaften Produkten. [ProdHaftG02, Pf03]

Zu den in § 1 Abs. 1 Satz 1 ProdHaftG genannten **Schutzgütern gehören Leben, Körper und Gesundheit** in der Definition des § 823 Abs. 1 BGB [EiGi08].

Ein Produkt ist im § 2 ProdHaftG jede bewegliche Sache, auch wenn sie einen Teil einer anderen beweglichen Sache oder einer unbeweglichen Sache bildet und Elektrizität. Die ausdrückliche Erwähnung des elektrischen Stroms war notwendig, da dieser im deutschen Recht nicht als bewegliche Sache gilt. Der Satz „Eine Sache die Teil einer anderen beweglichen Sache ist", erlaubt es, auch den Hersteller eines Einzelteils oder eines wesentlichen Bestandteils einer anderen Sache in Anspruch zu nehmen. Die Haftung des Herstellers greift dann nicht, wenn das Produkt gemäß § 1 Abs. 2 Nr. 3 ProdHaftG nicht für den Verkauf oder eine Art des Vertriebs mit wirtschaftlichen Zweck hergestellt und nicht im Rahmen der beruflichen Tätigkeit hergestellt oder vertrieben wurde. [EiGi08]

§ 1 Abs. 2 Nr. 1 ProdHaftG schließt die Haftung des Produzenten für den Fall aus, dass er das Produkt nicht in den Verkehr gebracht hat. Inverkehrbringen ist jedes Überlassen an andere. Wurde das Produkt gestohlen, unterschlagen oder ging es beim Transport verloren und wurde von einem anderen gefunden, so kommt kein Inverkehrbringen in Betracht und eine Haftung nach ProdHaftG greift somit nicht.

Wird das Produkt zum Zwecke der Erprobung oder Prüfung an Andere übergeben gilt es ebenfalls nicht als in Verkehr gebracht. [EiGi08]

ProdHaftG   § 1   Haftung

(1)   Wird durch den Fehler eines Produkts jemand getötet, sein Körper oder seine Gesundheit verletzt oder eine Sache beschädigt, so ist der Hersteller des Produkts verpflichtet, dem Geschädigten den daraus entstehenden Schaden zu ersetzen.

§ 2   Produkt

Produkt im Sinne dieses Gesetzes ist jede bewegliche Sache, auch wenn sie einen Teil einer anderen beweglichen Sache oder einer unbeweglichen Sache bildet, sowie Elektrizität

§ 3   Fehler

(1)   Ein Produkt hat einen Fehler, wenn es nicht die Sicherheit bietet, die unter

Berücksichtigung aller Umstände, insbesondere

a) seiner Darbietung, b) des Gebrauchs, mit dem billigerweise gerechnet werden kann,

c) des Zeitpunkts, in dem es in den Verkehr gebracht wurde, berechtigterweise erwartet

werden kann.

§ 4   Hersteller

(1)   Hersteller im Sinne dieses Gesetzes ist, wer das Endprodukt, einen

Grundstoff oder ein Teilprodukt hergestellt hat. Als Hersteller gilt auch jeder,

der sich durch das Anbringen seines Namens, seiner Marke oder …. als

Hersteller ausgibt.

(2)   Als Hersteller gilt ferner, wer ein Produkt zum Zweck des Verkaufs, der

Vermietung, des Mietkaufs oder einer anderen Form des Vertriebs mit

wirtschaftlichem Zweck im Rahmen seiner geschäftlichen Tätigkeit in den

Geltungsbereich des Abkommens über den Europäischen Wirtschaftsraum

einführt oder verbringt.

(3)   Kann der Hersteller des Produkts nicht festgestellt werden, so gilt jeder Lieferant als dessen

Hersteller, …..

Abbildung 3-16   Textauszug Produkthaftungs-Gesetz [ProdHaG02]

Voraussetzung der Produkthaftung ist gemäß § 1 Abs. 1 S. 1 ProdHaftG , dass ein Fehler der schadensursächlichen Sache vorlag.

Ein Fehler liegt dann vor, wenn ein Produkt nicht die erforderliche Sicherheit bietet.

Bei der Bewertung des erforderlichen Maßes an Sicherheit müssen besonders die Darbietung des Produkts, der zu erwartende Gebrauch und der Zeitpunkt des Inverkehrbringens beachtet werden.

Der Fehler muss zum Zeitpunkt des Inverkehrbringens schon vorgelegen haben und darf nicht später durch übliche Abnutzung oder Einwirkung entstanden sein.

3.3.2.   Geräte- und Produkt-Sicherheits-Gesetz

Das Geräte- und Produkt-Sicherheits-Gesetz (GPSG) ist nach Vorgabe einer entsprechenden EU-Richtlinie durch den deutschen Gesetzgeber formuliert worden und hat im Jahr 2004 Rechtskraft erlangt. [GPSG04, IHK04]

Das Gesetz beschreibt die allgemeinen Sicherheitsanforderungen für das Inverkehrbringen und Ausstellen kommerziell hergestellter neuer Arbeitsmittel und Produkte. Die Beweislast für die Fehlerfreiheit liegt beim Hersteller und nicht beim Kläger (Beweislastumkehr). Die Produktspezifischen Sicherheitsanforderungen werden in Normen festgelegt.

Das Gesetz ist die zentrale Rechtsvorschrift für die technische Sicherheit von Geräten, Produkten und Anlagen. Das GPSG betrifft eine breite Palette von Produkten. Straßenfahrzeuge, Minibagger, Haarfön und Wasserkocher fallen genauso in seinen Anwendungsbereich wie Atemschutzgeräte und komplette Anlagen. Damit kommt dem Geräte- und Produktsicherheitsgesetz eine umfassende Bedeutung, sowohl für den Arbeitsschutz als auch für den Verbraucherschutz zu.

Neben den grundsätzlichen Anforderungen hinsichtlich der technischen Sicherheit der Produkte enthält das GPSG weitere Bestimmungen, die beim Inverkehrbringen eines Produkts zu beachten sind (z.B. hinsichtlich der Produktkennzeichnung). Das GPSG wendet sich dabei sowohl an die Hersteller der Produkte als auch den Importeur oder Händler.

Darüber hinaus enthält das GPSG Regelungen zur Marktüberwachung sowie zum Errichten und Betrieb überwachungsbedürftiger Anlagen. Wird der Vertrieb nicht durch den Hersteller selbst organisiert, sondern durch einen Vertriebspartner, muss der Hersteller die Erfüllung des GPSG vertraglich regeln.

Aus den gesetzlichen Formulierungen und deren Interpretationen leiten sich wesentliche Anforderungen an den Prüfplanungsprozess ab.

Jeder Hersteller eines Arbeitsmittels/Produkts ist gut beraten die Konfiguration und den fehlerfreien Zustand bei Auslieferung ab Werk zu dokumentieren, um spätere Klagen abwehren zu können.

Dazu sind für jedes einzelne Produkt der Prüfumfang (Prüfliste) und die Einzelergebnisse der Prüfungen über die Produktlebensdauer, mindestens jedoch über 8 Jahre zu archivieren. Im Falle eines gleichartigen Fehlers mit erheblichen Sicherheitsrisiken in mehreren Produkten kann die Archivierung der Produktkonfiguration die Menge der von einem Rückruf betroffenen Produkte erheblich eingrenzen.

GPSG   § 1 Anwendungsbereich

(1)   1. Dieses Gesetz gilt für das Inverkehrbringen und Ausstellen von Produkten, das selbständig im Rahmen einer wirtschaftlichen Unternehmung erfolgt.

§ 2 Begriffsbestimmungen

(1)   Produkte sind 1. technische Arbeitsmittel und 2. Verbraucherprodukte

(3)   1. Verbraucherprodukte sind Gebrauchsgegenstände und sonstige Produkte, die für Verbraucher bestimmt sind oder unter vernünftigerweise vorhersehbaren Bedingungen von Verbrauchern benutzt werden können, ….

§ 4 Inverkehrbringen und Ausstellen

(2)   1. Ein Produkt darf, … , nur in den Verkehr gebracht werden, wenn es so beschaffen ist, dass bei bestimmungsgemäßer Verwendung oder vorhersehbarer Fehlanwendung Sicherheit und Gesundheit von Verwendern oder Dritten nicht gefährdet werden.
3 Bei der Beurteilung, ob ein Produkt den Anforderungen nach Satz 1 entspricht, können Normen und andere technische Spezifikationen zugrunde gelegt werden.

§ 5 Besondere Pflichten für das Inverkehrbringen von Verbraucherprodukten

(1) 1. c) Vorkehrungen zu treffen, die den Eigenschaften des von ihnen in den Verkehr gebrachten Verbraucherprodukts angemessen sind, damit sie imstande sind, zur Vermeidung von Gefahren geeignete Maßnahmen zu veranlassen, bis hin zur Rücknahme des Verbraucherprodukts, der angemessenen und wirksamen Warnung und dem Rückruf;
2. bei den in Verkehr gebrachten Verbraucherprodukten die, abhängig vom Grad der von ihnen ausgehenden Gefahr und der Möglichkeiten diese abzuwehren, gebotenen Stichproben durchzuführen, Beschwerden zu prüfen und erforderlichenfalls ein Beschwerdebuch zu führen sowie die Händler über weitere das Verbraucherprodukt betreffende Maßnahmen zu unterrichten.

Abbildung 3-17   Textauszug Geräte- und Produkt-Sicherheits-Gesetz [GPSG04]

3.3.3.   Straßenverkehrs-Zulassungs-Ordnung

Die Straßenverkehrs-Zulassungs-Ordnung (StVZO) trat erstmalig im Jahr 1938 in Kraft und legte ursprünglich alle in Zusammenhang mit dem Straßenverkehr stehenden Regeln in Deutschland fest.

Mit dem zunehmenden Einfluss der europäischen Richtlinien verliert die StVZO an Bedeutung. Das Kapitel A (Personen) der StVZO wurde im Jahr 2008 in einer neuen Verordnung „Fahrerlaubnis-Verordnung" (FeV) formuliert und aus der StVZO gestrichen.

Der auszugsweise dargestellte Paragraph „Beschaffenheit der Fahrzeuge", der die allgemeinen Sicherheitsregeln der StVZO beinhaltet, ist weiterhin gültig.

StVZO   §30 Beschaffenheit der Fahrzeuge

(1) Fahrzeuge müssen so gebaut und ausgerüstet sein, dass
   - Ihr verkehrsüblicher Betrieb niemanden schädigt oder mehr als vermeidbar
   gefährdet, behindert oder belästigt,
   - Die Insassen insbesondere bei Umfällen vor Verletzungen möglichst geschützt sind
   und das Ausmaß und die Folgen von Verletzungen möglichst gering bleiben.

(2) Fahrzeuge müssen in straßenschonender Weise hergestellt sein und in dieser
   erhalten werden.

(3) Für die Verkehrs- oder Betriebssicherheit wichtiger Fahrzeugteile, die besonders
   leicht abgenutzt oder beschädigt werden können, müssen einfach zu überprüfen
   und leicht auswechselbar sein.

Abbildung 3-18 Textauszug Straßenverkehrs-Zulassungs-Ordnung [STVZO08]

3.3.4.   Norm IEC 61508 - Funktionale Sicherheit

Der technische Ansatz der Norm IEC 61508 [IEC61508] umfasst:

- eine risikobasierte Methode zur Bestimmung der Anforderungen zur Sicherheitsintegrität des sicherheitsbezogenen E/EE/EP- Systems
- ein Model des Sicherheitslebenszyklus, welcher die Systementwicklung, die Produktion, den Betrieb sowie die Außerbetriebnahme umfasst.
- Verfahren und Maßnahmen, um die geforderte Sicherheitsintegrität zu erreichen.

Unter Risiko wird dabei ein Maß für die Wahrscheinlichkeit und die Auswirkung eines bestimmten gefahrbringenden Vorfalls verstanden. Das tolerierbare Risiko wird auf Basis gesellschaftlicher und politischer Faktoren bestimmt.

Die Norm sieht vier Stufen der sicherheitsbezogenen Leistungsfähigkeit für eine Sicherheitsfunktion vor. Die Stufen werden als Integritätslevel SIL1 (niedrig) bis SIL4 (sehr hoch) bezeichnet.

Kerninhalt der Norm ist, neben der Definition der Integritätslevel, die Beschreibung der notwendigen Anforderungen um die Sicherheits-Stufen zu erreichen. Sobald das tolerierbare Risiko festgelegt und die erforderlichen risikomindernden Maßnahmen bestimmt wurden, werden die Anforderungen zur Sicherheitsintegrität der betrachteten Systeme zugeordnet.

Die IEC 61508 ist In Teil 1 bis 4 eine Grundnorm zur funktionalen Sicherheit technischer Systeme. Sie ist als deutsche Industrienorm DIN 61508 und als europäische Norm EN 61508 veröffentlicht. Die Anwendung in der industriellen Praxis erfordert jedoch die Erarbeitung von Branchenspezifischen Normen. Branchen- oder Anwendungsspezifischen Normen sind:

- IEC 61513 Kernkraftwerke – Leittechnik
- IEC 61511 Funktionale Sicherheit - Sicherheitstechnische Systeme für die Prozess-Industrie
- IEC 62061 Funktionale Sicherheit - Sicherheitstechnische Systeme für Maschinen, geplante Norm (ab 12/2009)
- ISO WD 26262 Funktionale Sicherheit im Automobil, geplante Norm

3.3.5.   Norm IEC 60812 – Analysetechniken für die Funktions-
fähigkeit von Systemen

Die IEC 60812 [IEC60812] beschreibt Verfahren für die Fehlerzustandsart-, auswirkungs- und Kritikalitätsanalyse (FMECA). Die FMECA ist eine Erweiterung der FMEA, es gelten die gleichen allgemeinen qualitativen Betrachtungen.

Die Norm gibt Anwendungsanleitungen für diese Verfahren bezüglich:
- **den erforderlichen Schritten einer Analyse**
- **den Benennungen, Voraussetzungen, Maßgrößen**
  für die Bedeutung (Kritizität) und die Fehlerzustandsarten
- der Erklärung grundlegender Prinzipien
- der Ausführung beispielhafter Arbeitsblätter und -tabellen

Die Betrachtungseinheit der IEC 60812 sind Teil, Komponente, Gerät, Subsystem, Funktionseinheit, Betriebsmittel oder System, welches jeweils einzeln betrachtet werden kann. Die Prozess-FMEA kann auch Handlungen von Personen miteinbeziehen.

Als Ausfall wird die Beendigung der Fähigkeit einer Einheit, die geforderte Funktion zu erfüllen, definiert. Als Ausfallbedeutung, oder auch Ausfall-Kritizität, wird die Kombination der Schwere einer Auswirkung und der Häufigkeit ihres Auftretens, oder anderer Eigenschaften eines Ausfalls als Maß der Notwendigkeit, sich damit zu befassen und dieses zu vermindern, bezeichnet.

Als Ausfallschwere wird die Bedeutung oder die Einstufung der Auswirkung der Ausfallart auf den Betrieb der Einheit, die Umgebung der Einheit oder auf den Benutzer der Einheit verstanden. Die Schwere der Auswirkung der Ausfallart bezieht sich allein auf das untersuchte System in seinen definierten Grenzen.

Die IEC 60812 ist als deutsche Industrienorm DIN 60812 und als europäische Norm EN60812 veröffentlicht.

3.3.6.   Norm ISO WD 26262 - Funktionale Sicherheit im Kraftfahrzeug

Der Normentwurf ISO WD 26262 beschreibt die in Bearbeitung befindliche (WD: working draft) branchenspezifische Norm für die Sicherheit elektronischer Fahrzeugsysteme. [ISO26262]

Der Normentwurf setzt die Grundnorm IEC 51608 zur Sicherheit von Systemen für Fahrzeug-Elektroniksysteme um.

Die Veröffentlichung als internationale Norm wird für das Jahr 2011 erwartet.

Die Beschreibung der Methode zur Gefahrenanalyse (hazard analysis) und der Methode zur Risikobetrachtung (risk assessment) bildet den Kern der Norm.

Auf Basis der Systembeschreibungen werden dabei die potentiellen Gefahrenzustände (hazards) identifiziert. Anschließend wird jeder Gefahrenszustand mit einer **Sicherheits-anforderungsstufe ASIL A bis D** (automotive safety integrity level) klassifiziert, oder als nicht sicherheitsrelevant eingestuft.

Zusätzlich wird für jeden Gefahrenzustand der Schweregrad (S: severity), die Auftretenswahrscheinlichkeit (E: exposure) sowie die Beherrschbarkeit durch den Fahrer (C: controllability) definiert.

In Einklang mit der Grundnorm zur Sicherheit betrachtet die Norm ISO WD 26262 den gesamten Sicherheitslebenszyklus beginnend mit der Konzeptionsphase, über die Produktentwicklungsphase auf System-, Hardware- und Software-Ebene, die Produktionsplanungsphase, die Produktionsphase, sowie die Betriebsphase inklusive dem Service, bis hin zur Außerbetriebnahme des Fahrzeugs.

3.4. IT-Umsetzung WDS

Das Werkstatt-Diagnose-System (WDS) wurde ursprünglich für die Planung der **Fahrzeugdiagnosen in Werkstätten** konzipiert. Das IT-Tool WDS zeigt einen **modularen Ansatz auf, der auch für die IT-Umsetzung eines integrierten Prüfplanungs-Tools** relevant sein kann.

Mit dem Werkstatt-Diagnose-System wird ein ganzheitliches Konzept zur Diagnose technischer Systeme vorgestellt, das vom Autor maßgeblich mitgestaltet wurde. [WaFo93, FoLu94, WaFo95] Das Konzept umfasst die Diagnose-Programmerstellung, das Laufzeitsystem, sowie die Auswertung von Diagnose- und Reparaturdaten in der Zentrale.

Das **WDS stellt eine Assistenzfunktion bei der Störungslokalisierung** bis zur gewünschten Diagnose-Tiefe bereit. Der Anwender hat die Freiheit, sich vom Laufzeitsystem führen zu lassen oder durch eigene Erfahrung den Diagnoseprozess zu beeinflussen.

Die wesentlichen Merkmale der **Diagnose-Programmerstellung** sind zum einen die komfortable Eingabe des diagnoserelevanten Wissens durch benutzerfreundliche Editoren, zum anderen die automatisierte Generierung des Fehlermodells aus Struktur- und Wirkungsmodellen.

Ein Auswertesystem ist der Kern der Feedback-Prozesskette, die Feldinformationen aufbereitet und dem Entwicklungs- und Servicebereich zur Verbesserung von Komponenten beziehungsweise zur Optimierung des Diagnoseprozesses bereitstellt. Ein besonderer **Augenmerk bei der Konzeption des WDS wurde auf die IT-Integrationsfähigkeit des Systems** in die Zielumgebungen gerichtet.

Die Entwicklung der Diagnose muss durch geeignete Werkzeuge unterstützt werden, die es gestatten, den Diagnoseprozess bereits während der Entwicklung eines technischen Systems zu erstellen, um eine spätere mühsame Rekonstruktion des Wissens zu vermeiden.

Hierzu wird einerseits Wissen über den konstruktiven Aufbau und die Funktionsweise des technischen Systems benötigt, anderseits auch Wartungswissen über mögliche Fehler und deren Auswirkungen, über geeignete Prüfverfahren und –strategien, sowie Wissen über spezielle Fälle und Besonderheiten. Im Folgenden wird das Konzept des Werkstatt-Diagnose-Systems in einer ganzheitlichen Betrachtung von der **Diagnose-programmerstellung**, über den **Diagnoseprogrammablauf** am Fahrzeug bis hin zu einem **Auswertesystem** beschrieben. Die Anbindung an die Entwicklungsprozesskette sowie das Schließen der Kette über das Auswertesystem zu einem Prozesskreis stellen eine der wesentlichen Neuerungen des Systems dar.

Das Werkstatt-Diagnose-System setzt sich aus den in der folgenden Abbildung dargestellten Basisfunktionen zusammen:

- das **Laufzeitsystem zur Werkstatt-Diagnose**, das den Techniker am Fahrzeug unterstützt, so das er während des Diagnoseprozesses bis hin zur gewünschten Tiefe geführt wird,

- das **Entwicklungssystem zur Diagnoseprogrammerstellung** mit Transformatoren und Editoren zur Eingabe des diagnoserelevanten Wissens,

- das **Auswertesystem,** das aus den Sitzungsprotokollen der am Fahrzeug durchgeführten Diagnosen die service- und entwicklungsrelevanten Informationen extrahiert und aufbereitet.

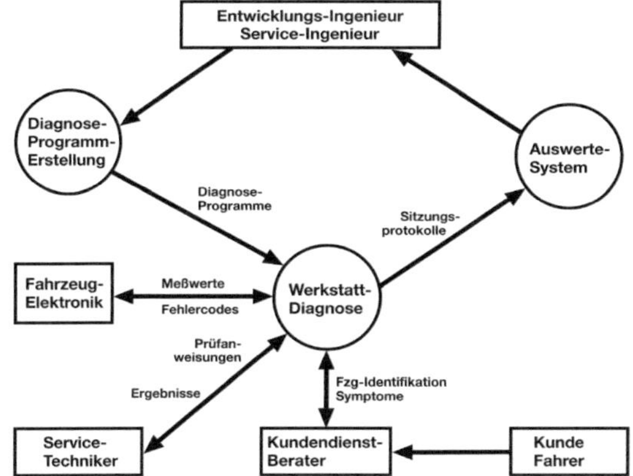

Abbildung 3-19 WDS- Basisfunktionen

3.4.1. Das Laufzeitsystem

Das Laufzeitsystem des WDS unterstützt den Werkstatt-Techniker bei der Fahrzeugannahme und bei der Störungslokalisierung im Fahrzeug. Der Werkstatt-Techniker identifiziert zunächst das zu diagnostizierende Fahrzeug. Falls der Kunde ein Symptom äußert, kann der Techniker die Beanstandung hinterfragen, mit dem Ziel, eine möglichst genaue Beschreibung des Symptoms zu erhalten. Bei diesem Hinterfragen wird der Techniker durch das System geführt und das Ergebnis wird den nachfolgenden Prozessen zur Verfügung gestellt.

Wenn ein Kfz-Elektronik-System zu diagnostizieren ist, wird das WDS zunächst mit der Diagnoseschnittstelle des Fahrzeuges kontaktiert. Diagnoserelevante Daten wie z. B. Konfiguration des Fahrzeuges, Fehlercodes, Istwerte und Umgebungsdaten, werden ausgelesen und zur Analyse verwendet. Nach der Vor-Diagnose, die den Annahmeprozess mit dem Aufnehmen der Kundenbeanstandungen und das Auslesen der diagnoserelavanten Daten aus dem Fahrzeug umfasst, erstellt das Laufzeitsystem eine Prüfliste und konfiguriert die benötigten Diagnose-Programm-Module. Das WDS führt auf Basis der Prüfliste den Werkstatt-Techniker interaktiv durch den Diagnoseprozess.

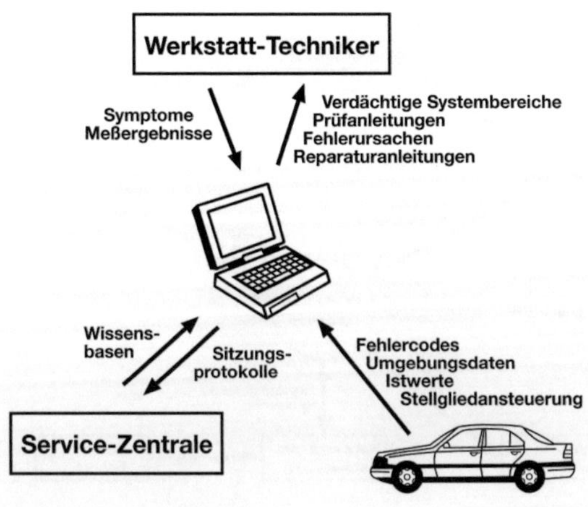

Abbildung 3-20 WDS - Laufzeitsystem

3.4.2. Das Erstellungssystem

Mit dem Entwicklungssystem zur Diagnose, dem Erstellungssystem, wird das Wissen über die Struktur und die Wirkungsweise der Komponenten des Fahrzeugs und deren Zusammenspiel, die Fehlercodes, deren Fehlersetzbedingungen und zugeordnete verdächtige Systemumfange sowie die Beziehung zwischen Symptomen und Ursachen von Fehlfunktionen beschrieben.

Die Eingabe des erforderlichen Wissens erfolgt mit dem WDS-Editor. Hierbei gibt der Entwicklungsingenieur die Informationen über Struktur- und Wirkungsnetz ein. Aus dem Struktur- und Wirkungsnetz wird durch einen im Entwicklungssystem integrierten Transformationsalgorithmus die Grundstruktur des Fehlerbaumes abgeleitet. Die Grundstruktur des Fehlerbaums wird vom Serviceingenieur um Tests und Untersuchungen ergänzt. Der Abschluss des Entwicklungsprozesses stellt das Erzeugen der Wissensbasen für das Diagnoseprogramm dar.

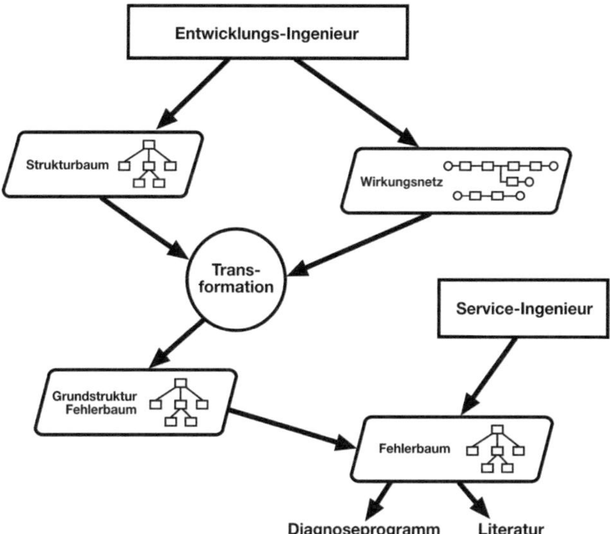

Abbildung 3-21 WDS- Erstellungssystem

3.4.3. Das Auswertesystem

Das Auswertesystem wertet die Protokolle der Diagnosesitzungen, die an die Zentrale übertragen werden, nach unterschiedlichen Kriterien aus.

Neben den üblichen statistischen Auswertungen für den Servicebereich erhält der Serviceingenieur - zur Optimierung der Diagnoseprogramme - Feldinformationen in Form von Anwenderkommentaren aus der Werkstatt. Als Serviceingenieur wird der im Unternehmensbereich Service mit der Erstellung der Diagnoseprogramme befasste Ingenieur bezeichnet.

Für die Entwicklungsingenieure der Fahrzeugsysteme werden die im Feld aufgetretenen Beanstandungen und erkannte Schwachstellen der Fahrzeugteilsysteme statistisch aufbereitet.

In Bezug auf bestimmte Fehler oder Symptome sind Wahrscheinlichkeiten dokumentierbar, die für die Optimierung des Diagnoseprozesses im Feld dienen.

Mit diesen zusätzlichen Informationen wird zur Laufzeit in der Werkstatt die Vorgehensweise bei der Störungslokalisierung kontextabhängig verändert. Die Störungslokalisierung kann somit automatisch optimiert werden.

3.4.4. Integrationsstrategie

Die Realisierung eines rechnergestützten Systems zur technischen Diagnose erfordert neben der Festlegung der Diagnosestrategie die Festlegung der Integrationsstrategie für die Entwicklungssysteme und die Laufzeitsysteme.

Gerade bei Diagnosesystemen, die bezüglich der Entwicklungsumgebung den gesamten Entwicklungsprozess begleiten, sowie bezüglich der Laufzeitumgebung am Ende des Entwicklungsprozesses angesiedelt sind, zeigt sich ein extremer Integrationsbedarf. Die

Integrationsfähigkeit der Software in die Erstellungs- und Verarbeitungsprozesse erlaubt große Freiheitsgrade bezüglich der Diagnosestrategie.

In Abb. 3.18 ist die Positionierung der Komponenten Entwicklungs- und Laufzeitsystem entlang der Diagnoseprozesskette dargestellt. Besonders deutlich wird die Ergänzung der Prozesskette über das Auswertesystem zum Prozesskreis.

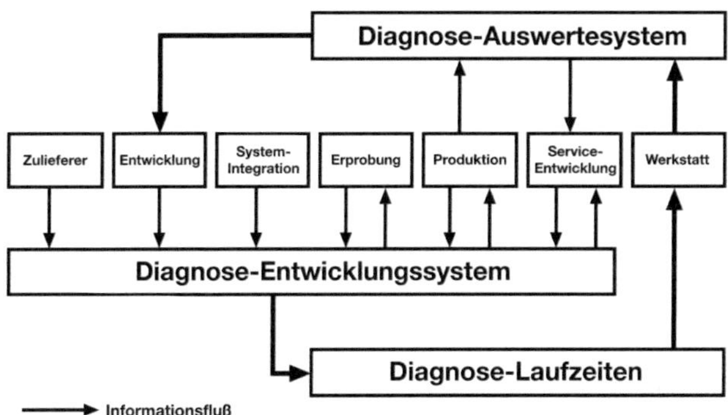

Abbildung 3-22 WDS -Integration

3.4.5. Anforderungen an den Wissenserwerbsprozeß

Einige der Anforderungen an das *WDS*, insbesondere diejenigen, welche die Qualität des Wissenserwerbsprozesses betreffen, werden im Folgenden explizit aufgeführt:

1. Der Wissenserwerb soll von den Fachexperten selbst durchgeführt werden und nicht von Wissensingenieuren.

2. Der Wissenserwerb erfordert kein Programmierwissen. Er orientiert sich ausschließlich an der Fachsprache der Fachleute und wird durch graphische Wissenserwerbskomponenten unterstützt.

3. Wissensbasen sind modular und konfigurierbar. Sie können parallel und völlig unabhängig voneinander entwickelt werden.

4.   Wissensbasen können leicht von anderen Fachleuten weiterentwickelt bzw. gewartet werden, auch wenn diese die Wissensbasis nicht selbst erstellt haben

5.   Wissensbasen können parallel zur Neuentwicklung bzw. Modifikation von Teilsystemen entwickelt werden.

6.   Entwicklungsingenieure modellieren das technische Wissen über Teilsysteme.

7.   Allgemeingültiges Wissen über Fehlerfunktionen sowie Testwissen soll modelliert und genutzt werden können. Dieses Wissen kann über die Zeit weiterentwickelt und perfektioniert werden.

8.   Diagnosespezialisten modellieren das diagnoserelevante Wissen über Teilsysteme.

9.   Das Diagnosesystem soll auf dem technischen Wissen basieren.

10.   Das Diagnosesystem soll in der Lage sein mitzulernen.

11.   Der Wissenserwerb soll massiv automatisiert werden.

12.   Der Wissenserwerb ist objektivierbar und erfolgt gemäß einer klaren, ingenieurmäßigen Methodologie.

3.4.6.   Wissensorganisation im WDS

Für die Wissensrepräsentation sind folgende Modellierungskonstrukte implementiert:

- der Struktur technischer Systeme (Strukturmodelle),
- der Funktionsweise technischer Systeme (Wirkungsmodelle),
- des Wissens über Beziehungen zwischen Teilsystemen und Bauteilen, Symptomen und Fehlern bzw. Fehlern und ihren Ursachen (Diagnosemodelle) sowie
- situations- und fallbezogene Informationen (Fallbasen)

Die Organisation des Wissens im *WDS* orientiert sich an der modularen Struktur von Fahrzeugen. Für die einzelnen Teilsysteme werden unabhängig voneinander Wissensbasismodule mit abstrakten Schnittstellen zu anderen Moduln entwickelt, die zur Laufzeit automatisch konfiguriert werden können. Das Wissen wird in objektorientierter Form repräsentiert. Eine WDS-Wissensbasis kann als ein vieldimensionales Gebilde verstanden werden, wobei jede Relation eine Dimension darstellt. Projiziert man eine Wissensbasis auf bestimmte Relationen, so erhält man eine bestimmte logische Sicht auf die Wissensbasis. Die erwähnten Struktur-, Funktions- und Diagnosemodelle stellen solche logischen Sichten dar.

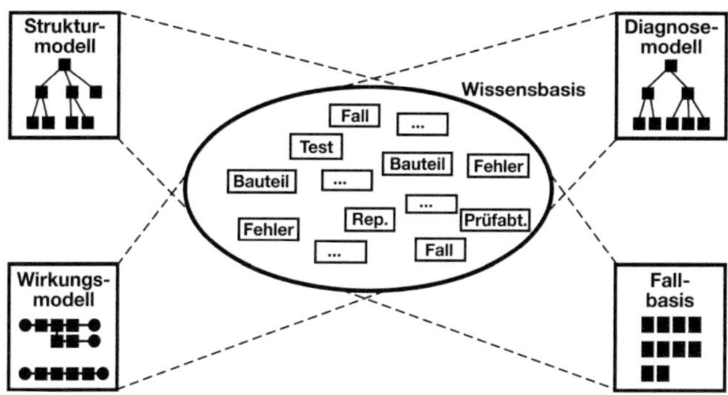

Abbildung 3-23 WDS - Logische Sichten

3.4.7. Automatische Generierbarkeit von Wissensbasen

Wissensbasen sind im WDS in zweierlei Hinsicht automatisch generierbar. Zum einen erlaubt der modulare Aufbau der Wissensbasen die automatische Generierbarkeit fahrzeugspezifischer Wissensbasen zur Laufzeit. Hierzu sind nur die Konfigurationsdaten eines Fahrzeugs notwendig. Diese können in der Werkstatt von den Kfz-Elektronik-Systemen direkt bezogen werden.

Zum anderen wird die automatische Generierbarkeit der Diagnosemodelle selbst unterstützt und zwar durch sogenannte generische Bauteil-Bibliotheken. Diesem Lösungsansatz liegt das Prinzip zugrunde, aus einer lokalen, kontextfreien Repräsentation von Bauteiltypen sowie Wissen über deren Konnektivität in konkreten Wissensbasen, weitgehend automatisch ableiten zu können.

Ein anschauliches Beispiel hierfür ist etwa ein Schaltkreis. Jeder Schaltkreis besteht aus typischen Elementen wie Kabeln, Steckverbindern, Schaltern, Relais sowie ggf. weiteren Bauteile. Aus dem Wissen über Bauteile und ihre Verschaltung sowie weiterem allgemeinen technischen Wissen lassen sich nun Diagnosemodelle weitgehend automatisch ableiten.

Ein Teil der technischen Information ist bereits in anderen Datenbeständen verfügbar, etwa in Teiledatenbanken, maschinenlesbaren Konstruktionszeichnungen und Schaltplänen.

Diese Information kann durch automatische Verfahren in das *WDS* übernommen, in entsprechende Objektsysteme transformiert und somit verwendbar gemacht werden.

3.4.8.   Die generischen Bauteil-Bibliotheken

Ein generisches Bauteil-Objekt ist ein Klassenobjekt, welches Wissen über den abstrakten Bauteiltyp, den es repräsentiert, trägt. Dabei wird neben allgemeinem Wissen über Bauteile auch diagnoserelevantes Hintergrundwissen abgelegt. So lassen sich z.B. die Bauteilklassen Schalter, Sicherung, Relais sowie entsprechende Unterklassen definieren. Eine generische Bauteil-Bibliothek ist die Menge aller generischen Bauteil-Obiekte. Sie kann jederzeit durch den Wissensbasis-Entwickler erweitert und modifiziert werden. Je mehr Wissen hier abgelegt wird, umso größer sind die Vollständigkeit und die Effizienz der abgeleiteten Diagnosemodelle.

Einige Basistypen sind im WDS standardmäßig vordefiniert. Den Bauteilklassen lässt sich nun auf einer Hintergrundebene diagnoserelevantes Wissen zuordnen. Dieses Hintergrundwissen umfasst Wissen der folgenden Art: "Welche Fehler können an der Komponente auftreten?" Pro Fehler kann nun spezifiziert werden: "Wie kann dieser Fehler getestet werden?" oder "Wie kann der Fehler behoben werden?"

Jedes Diagnosekonzept wie Fehler, Test, Reparatur etc. wird durch ein Objekt repräsentiert. So lässt sich z.B. spezifizieren, dass an Batterien Fehler wie *'Batterie leer'* oder *'Batterie defekt'* auftreten können. Aufgrund der Testergebnisse kann entschieden werden, ob der Fehler tatsächlich vorliegt oder ob er ausgeschlossen werden kann. Zur Spezifikation des generischen Wissens wird ein grafischer Editor bereitgestellt, der die permanente Erweiterung und Verbesserung des allgemeinen Wissens erlaubt.

Die generischen Bauteilklassen-Bibliotheken lassen sich als mehrdimensionaler Würfel darstellen. Auf der Primärebene wird das allgemeine Wissen über Bauteiltypen abgelegt. Auf einer Hintergrundebene wird das diagnoserelevante Wissen über Bauteiltypen und Gruppierungsmuster von Bauteiltypen spezifiziert.

Die generischen Objekt-Bibliotheken können als eine Art "Lernkomponente" des *WDS* bezeichnet werden. Im Laufe der Zeit entsteht durch den permanenten Ausbau und die Optimierung der generischen Wissensbasen eine umfangreiche Wissenssammlung, welche sich durch die Ableitungsverfahren automatisch in allen neuen Wissensbasen niederschlägt und zu einem Multiplikatoreffekt dieser zentralen Kompetenz führt.

3.4.9. Strukturmodelle

Der Aufbau eines Teilsystems aus Bauteilgruppen bis hin zu den einzelnen elementaren Bauteilen, den sogenannten kleinsten tauschbaren Einheiten, wird im Strukturmodell repräsentiert. Die Modellierung kann beliebig fein und beliebig tief vorgenommen werden.

Das System *WDS* betrachtet die kleinsten Elemente (Blätter) der Strukturmodelle als die kleinsten tauschbaren Einheiten. Das Strukturmodell beinhaltet die vollständige Information, welche Bauteile in einem technischen System verbaut sind. Hiermit ist gleichzeitig festgelegt, welche Komponenten eines Systems überhaupt einen Defekt erleiden können.

Die WDS-Entwicklungsoberfläche enthält einen fiktiven Strukturbaum, der als *'Strukturmodell'* dargestellt wird. Wird ein neues Bauteil-Objekt angelegt, kann es als *Objekt* textuell editiert werden. Wird ein Bauteil als Objekt einer bestimmten Klasse deklariert, so wird das Bauteil als Instanz des Klassenobjektes der generischen Objekt-Bibliothek angelegt.

Das neue Objekt erbt dessen komplette Information. Das diagnoserelevante Hintergrundwissen zu einem Bauteil wird als *'Lokale Sicht'* angezeigt.

Sind Änderungen erforderlich, so kann die geerbte Information einfach modifiziert oder überschrieben werden.

Kann oder soll einem Bauteil keine Klasse zugeordnet werden, erhält es die Klasseninformation *'Sonstiges Bauteil'*. In diesem Falle ist die Hintergrundinformation dann vom Entwickler lokal selbst zu spezifizieren. Ein alternativer Weg besteht darin, eine neue Bauteilklasse in der generischen Bauteil-Bibliothek anzulegen.

3.4.10. Wirkungs-/Funktionsmodelle

Aus den Elementen des Strukturmodells kann nun das Wirkungsmodell für ein Teilsystem erstellt werden. Wirkungsmodelle beschreiben den Fluss von Wirkungen in einem technischen Teilsystem, d.h. sie beschreiben, wie sich Wirkungen durch ein technisches System fortpflanzen und welche Bauteile an diesem Fluss beteiligt sind. Wirkungsbereiche repräsentieren voneinander unabhängige Wirkungszusammenhänge bzw. komplette Funktionszusammenhänge in einem Teilsystem. So lassen sich z.B. in einem Schaltkreis elektrische Pfade identifizieren, die unabhängig voneinander betrachtet werden können in dem Sinne, dass sich ein Fehler in einem elektrischen Pfad nicht auf andere Pfade auswirken kann.

Ein Wirkungsmodell ist die Menge aller Wirkungsbereiche eines technischen (Teil-) Systems. Jeder Wirkungsbereich kann sukzessive in Teilwirkungsbereiche, welche Teilfunktionen repräsentieren, zerlegt werden. Er besteht aus einer Struktur, deren Elemente die kleinsten tauschbaren Einheiten der Strukturmodelle sind. Damit werden zur Spezifikation der Wirkungsmodelle nur definierte Objekte verwendet.

Ergänzend zu dem Wissen über Bauteile an sich kommt Wissen über die Konnektivität von Bauteilen in konkreten technischen Systemen hinzu. Das Wissen über diese Verbindungsstrukturen spielt eine entscheidende Rolle bei der automatischen Ableitung der Diagnosemodelle.

Für die Erstellung der Wirkungsmodelle steht ein graphischer Editor zur Verfügung. Ein Element des Strukturbaumes wird angeklickt und mittels der Maus in den Wirkungsmodell-Editor an eine beliebige Stelle positioniert. Dort wird es gemäß seiner Klasseninformation in ein entsprechendes grafisches Element transformiert. Bauteile werden über Ports via Mausklick miteinander verbunden. Ports haben die Rolle einer Schnittstelle zwischen den Bauteilen. Damit verfügt das *WDS* über die komplette Verkabelungsinformation mit allen Details. Das Bauteil Kabelbaum kommt dagegen im Strukturmodell nur einmal vor. Steht das System mit einem anderen Teilsystem in einer Wirkungsbeziehung - erhält es z.B. seine Spannungsversorgung aus einem anderen Teilsystem -, wird dies durch Objekte der Klasse *'Wirkungsschnittstelle'* spezifiziert. Ein solches Objekt ist eine abstrakte Schnittstelle.

Es wird nicht spezifiziert, ja es ist nicht einmal bekannt, um welches verbundene Teilsystem es sich handelt. Das verbundene Teilsystem wird zur Laufzeit automatisch und eindeutig vom *WDS* erkannt. Kommt das *WDS* im Laufe einer Diagnose an eine solche Wirkungsschnittstelle, setzt es seine Diagnose im verbundenen Modul fort. So berücksichtigt das *WDS* während einer Diagnosesitzung automatisch über alle verdächtigen Teilsysteme.

Neben der physikalischen Verbindung von Bauteilen, d.h. Kabelverbindung, Verschraubung, Verschweissung etc., mittels der Relation *'ist-verbunden-mit'* steht eine weitere Wirkrelation `hat-Wirkung-auf` zur Verfügung. Diese spielt z.B. eine Rolle, wenn ein Relais durch eine magnetische Wirkung geschlossen wird. In diesem Falle liegt keine physikalische Verbindung vor, wohl aber eine physikalische Wirkung.

Nach der Erstellung dieser Wirkungsbereiche kann spezifiziert werden, wo geeignete Messpunkte liegen. z.B. können Steckverbindungen geöffnet oder Kabel von Pins abgezogen werden etc. Diesen Messpunkten kann nun zugeordnet werden, welche Tests und Messungen an dieser Stelle durchgeführt werden sollen.

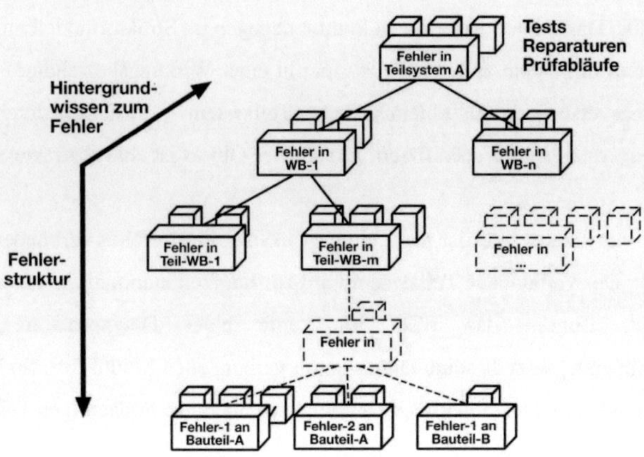

Abbildung 3-24   WDS-Grundstruktur Fehlermodell

3.4.11. Die automatische Ableitung von Diagnosemodellen

Ausgangspunkt der automatischen Ableitung der Diagnosemodelle sind die Struktur- und Wirkungsmodelle sowie die generischen Bauteil-Bibliotheken. Das Diagnosemodell wird aus der Verbindungsstruktur der Wirkungsmodelle, aus allgemeinem technischen Wissen sowie aus den technischen Systemmodellen abgeleitet.

Der Ableitungsalgorithmus führt zu einheitlichen und wohlstrukturierten Diagnosemodellen. Die folgende Abbildung zeigt eine solche Struktur in vereinfachter Form. Ein möglicher Fehler im Teilsystem A wird durch ein entsprechendes Fehlerobjekt repräsentiert. Anschließend wird untersucht, in welchem Wirkungsbereich WBx ein Fehler vorliegt. Danach wird sukzessive der verdächtige Bereich durch die Messpunkte in Teilbereiche unterteilt, bis die Ebene der Bauteilobjekte erreicht ist. Zu potentiell entstehenden Wirkungsbereichen werden korrespondierende Fehlerobjekte erzeugt. Auf allen Ebenen wird den Fehlerobjekten das in den Hintergrundebenen der Struktur- und Wirkungsmodelle spezifizierte diagnoserelevante Wissen in Form von Tests, Prüfabläufen, Reparaturen etc. zugeordnet.

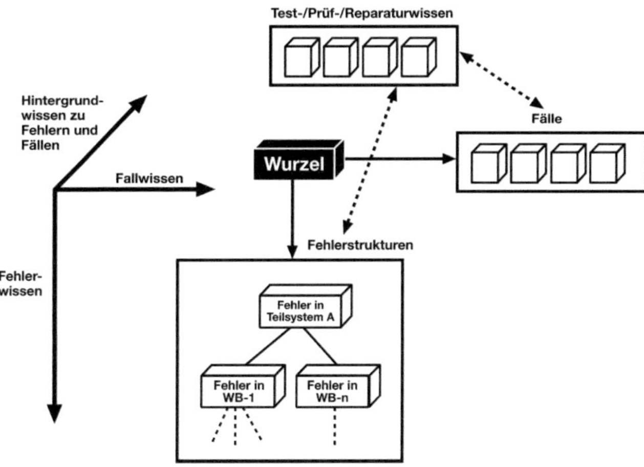

Abbildung 3-25 WDS- Diagnosemodell

3.5. Grundlagen und Analysen - Zusammenfassung

In Kapitel 3 wurden die Grundlagen und bestehenden Ansätze der Themen, welche für die Zielsetzung „Prozessmanagement zur Planung von Fahrzeugprüfungen" relevant sind, dargestellt.

Dabei wurde das Betrachtungsfeld auf gesellschaftlich/soziale und technisch/ technologische Rahmenbedingungen erweitert Im Sinne der gesellschaftlichen/sozialen Rahmenbedingungen wurden die Organisation und die **Kooperationsfähigkeiten in Unternehmen** (Kapitel 3.1.) analysiert.

Es wurde empirisch nachgewiesen, dass die Kooperationsfähigkeit der Ingenieure, die in den verschiedenen Unternehmensbereichen an der Produktentstehung arbeiten, von essentieller Bedeutung für die Beherrschung der Komplexität und der Qualität ist.

Die Organisationsstruktur und die Unternehmenskultur muss die erforderliche Kooperation zwischen den Unternehmensbereichen Entwicklung, Qualitätswesen und Produktionsplanung erlauben.

Es wurden die **gesetzlichen Rahmenbedingungen** bestehend aus dem Produkthaftungsgesetz (Kapitel 3.3.1.), dem Geräte- und Produkt-Sicherheitsgesetz (Kapitel 3.3.2.) und der Straßenverkehrszulassungsordnung (Kapitel 3.3.3.) analysiert.

Die technisch/technologische Rahmenbedingungen umfassen die **Normen** zur Funktionalen Sicherheit (Kapitel 3.3.4.), zu Analysetechniken für die Funktionsfähigkeit (Kapitel 3.3.5.) und zu Funktionaler Sicherheit im Fahrzeug (Kapitel 3.3.6.).

Die geltenden Gesetze (EU/Deutschland) und die internationalen Normen weisen Anforderungen an die Prüfplanung aus. Konkrete Verfahren für die Auswahl und die Gestaltung der Prüfungen sind nicht ausgewiesen.

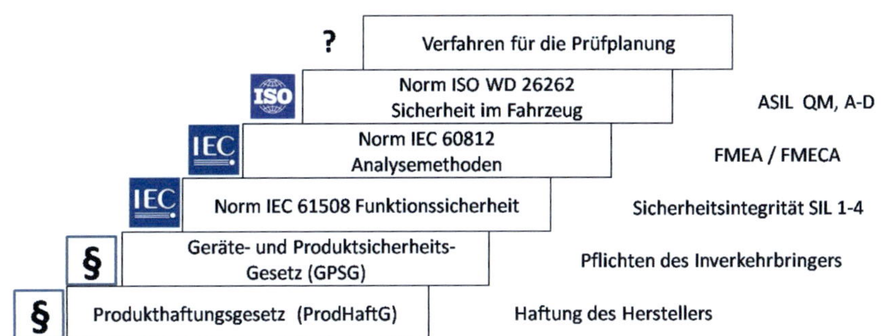

Abbildung 3-26   Gesetze und Normen

Weiterhin sind bestehende Ansätze zu **Risikoanalyse-Verfahren** wie die FMEA-Methode (Kapitel 3.2.1.) und die DRBFM-Methode (Kapitel 3.2.2.) beschrieben worden. Die bekannten Verfahren zur Risikoanalyse wurden ergänzt um **Forschungsergebnisse** mit dem Titel „Risikomanagement für Monitoring und Diagnose" (Kapitel 3.2.3.) und ein „Wahrscheinlichkeitsbasiertes Analyseverfahren" (Kapitel 3.2.4.).

Die Normen und Verfahren zur Risikoanalyse liefern relevante Verfahrensvorgaben für die Prüfplanung.

Auf Seiten der **IT-Technologie** wurde eine bestehende Lösung - das Werkstatt-Diagnose-System - dargestellt, welches als Muster für die Implementierung eines zukünftigen Prüfplanungstools dienen kann (Kapitel 3.4.)

4. Das neue Prozessmanagement

Das neue Prozessmanagement ist auf Basis von systematisch ermittelten Anforderungen nach der Methode der „Strukturierten Analyse" [De79] durch den Autor vollständig neu erarbeitet worden.

Das Kapitel gliedert sich in die Unterkapitel:

> **4.1**   **Zieldefinition**
>
> **4.2.**   **Anforderungen**
>
> **4.3.**   **Auswahl geeigneter Methoden**
>
> **4.4.**   **Beschreibung des neuen Prüfplanungsprozesses**
>
> **4.5.**   **Organisation der Prüfplanung**
>
> **4.6.**   **Prozessmanagement - Zusammenfassung**

Das Kapitel „Beschreibung des neuen Prüfplanungsprozesses" (Kapitel 4.4.) beschreibt die wesentlichen Elemente des Prüfplanungsprozesses und ihren logischen Zusammenhang. Der neue Prüfplanungsprozess stellt eines der zwei Kernelemente des neuen Prozessmanagements dar. Das zweite Kernelement ist die Organisation der Prüfplanung. (Kapitel 4.5.)

4.1. Zieldefinition

Der Prozess zur Auswahl und Gestaltung von Prüfungen in der Automobilserienfertigung hat das Ziel, durch **systematische Prüfung ausgewählter Komponenten**, Systeme, Wirkketten und Funktionen die Sicherheit und die Qualität der Fahrzeuge zu gewährleisten und die Anzahl der kundenerlebbaren Fehler auf null oder ein vordefiniertes Maß zu beschränken.

Ein Personenkraftwagen (Pkw) der Mittelklasse besteht aus ca. 2000-4000 Bauteilen. Unter der Vernachlässigung von Kleinteilen wie Schrauben und Clipsen (500-1000) sowie unter der Annahme von zwei Qualitätsmerkmalen je Teil (Maße/Beschaffenheit) sind **3000-6000 teilebezogene Qualitätsmerkmale** zu erfüllen.

Zusätzlich muss ein Pkw ca. 3000 funktionale Qualitätsmerkmale erfüllen.

In Summe sind für einen Pkw der Mittelklasse 6000-9000 Qualitätsmerkmale zu erfüllen.

Die Erfüllung der Qualitätsmerkmale muss <u>nicht</u> zwangsläufig durch Prüfungen sichergestellt werden. Für eine wirtschaftliche Produktion ist die Sicherung der Teile-Qualität durch Maßnahmen vor der Montage zu erbringen.

Die Funktionsqualität muss prinzipiell durch die Erprobung und Zertifizierung weit im Vorfeld der Produktion sichergestellt sein.

Durch Prüfungen sind insbesondere die sicherheitsrelevanten teile- und funktions-bezogenen Qualitätsmerkmale und weitere auf Basis der Risikoanalyse ausgewählten Merkmale abzusichern.

Die Liste der im Verlauf der Montage regelmäßig an allen produzierten Fahrzeugen durchgeführten Prüfungen (Regelprüfungen) umfasst in der industriellen Praxis ca. 300-600 Positionen (Stand 2007).

Der traditionelle Prüfplanungsprozess basiert maßgeblich auf den Erfahrungen des einzelnen Ingenieurs. Der Prozess basiert auf den Erfahrungen aus der Vergangenheit, die als Präzedenzfälle für die Gestaltung der Prüfungen der folgenden Baureihen herangezogen werden. Die Berücksichtigung von Kosten und Aufwand der Prüfungen sind seit jeher wichtiger Bestandteil der Prüfplanung und werden als solche aktiv in den Auswahlprozess miteinbezogen.

Zielsetzung

Die Zielsetzung der Arbeit ist die Konzeption, Spezifikation und Validierung eines neuen methodischen Prozessmanagements der Prüfplanung für den Montagebereich des Herstellers auf Basis einer IT-gestützten Lösung, welche in die Entwicklungs-, Produktionsplanungs- und Produktionsprozesse eingebettet ist.

Abbildung 4-1 Zielsetzung

In seiner Dissertation „Modulare Prüfplanung" bestätigt Marcus Bernards explizit das Fehlen einer analytischen Methode zur Auswahl der relevanten Prüfungen. [Be05]

Für die Mengenreduktion der durchzuführenden Prüfungen muss ein analytisches Verfahren formuliert werden. Das analytische Verfahren muss konform zu gesetzlichen oder normativen Vorgaben und ohne Vernachlässigung bekannter Risikofaktoren durchgeführt werden.

Im Falle eines gerichtlichen Produkthaftungs- oder Sicherheitsverletzungsverfahrens muss der Hersteller bis zu 8 Jahre nach Serienauslauf des Fahrzeugs in der Lage sein den **Nachweis der gesetzlichen und normativen Konformität** der Fahrzeugfunktion juristisch beweiskräftig führen zu können. [GPSG04]

4.2. Anforderungen

Die Optimierungspotentiale wurden aus Feldanalysen bei einem großen Automobilunternehmen, aus der Analyse des Stands der Technik (Kapitel 3), sowie aus der industriellen Praxiserfahrung durch den Autor ermittelt.

Die Feldanalysen basieren auf statistischen Untersuchungen und Expertenworkshops in den Jahren 2005-2006.

Auf eine detaillierte Beschreibung der Untersuchungsergebnisse muss an dieser Stelle verzichtet werden.

Handlungsbedarfe der aktuellen Prüfplanung
• Entscheidungen werden vielfach aufgrund von Einzelfehlern getroffen
• Keine Absicherung gegen Unvollständigkeit
• Keine objektiven Kriterien zur Entscheidungsfindung
• Keine Reproduzierbarkeit der Entscheidung
• Keine Dokumentation des Entscheidungsprozesses
• Anfälligkeit gegen Kostenreduktionsvorgaben, bzw. gegen Vorgaben zu dem Entfall von Prüfungen
• Qualitätsinformationen aus dem Betrieb beim Kunden und aus der Fertigung sind nicht systematisch berücksichtigt
• Fehler werden nicht auf Anhieb erkannt und müssen durch Zusatz-prüfungen gefunden werden.

Abbildung 4-2   Tabelle Handlungsbedarfe der Prüfplanung

Aus den Handlungsbedarfen, sowie aus einer Fülle von zusätzlichen Aspekten, wurden die folgenden Anforderungen gegliedert in die Kategorien Qualität, Risiko und Prozess abgeleitet.

	Qualität
A1	Die Qualitätsmerkmale der Fahrzeugsysteme und Funktionen sind durchgängig zu definieren und zu dokumentieren. Die Zuständigkeit für die Festlegung der Qualitätsmerkmale und Qualitätsmaßstäbe ist zu definieren.
A2	Die Vollständigkeit der durchzuführenden Prüfungen ist sicherzustellen.
A3	Die Anforderungen der Gesetzgebung und der Normung sind umzusetzen.
	Risiko
A4	Die technischen Risiken der Systeme und Funktionen des Fahrzeugs sind systematisch zu analysieren.
	Prozess
A5	Der Entscheidungsprozess „Auswahl der Prüfungen" und der Prüfauftrag selbst ist zu dokumentieren und zu archivieren
A6	Die Qualitätsinformationen aus der Fertigung und aus dem Feld sind systematisch in der Prüfplanung zu berücksichtigen
A7	Die Prüfergebnisse sind als Ergebnis je Prüfung zu dokumentieren und zu archivieren.

Abbildung 4-3 Tabelle Anforderungen an den neuen Prüfplanungsprozess

Zur Unterstützung der Prozesse gelten folgende unterlagerte Anforderungen.

Es ist ein mathematischer Algorithmus, im folgenden „Priorisierungs-Algorithmus" **genannt, zu entwickeln,** der die Priorisierung und damit die Auswahl der Prüfungen baureihenspezifisch auf Basis von Eingangsinformationen durchführt.

Die Planungsprozesse und der Auswahlalgorithmus sind über ein Softwaretool abzuwickeln, das die Herleitung der Planung und die Ergebnisse automatisch dokumentiert.

Der Einsatz eines Softwaretools mit Datenschnittstellen erfordert die **Integration in die bestehenden IT-Systeme des Unternehmens**.

Für die Realisierung eingebetteter IT-Systeme sind entsprechende Spezifikationsphasen und eine Stufenplan vorzusehen. Der Stufenplan muss die Erfahrungen der vorausgehenden in der nachfolgenden Stufe berücksichtigen.

Die Prüfplanungsprozesse sind unternehmensübergreifend auf Basis geeigneter Prozess-beschreibungen zu implementieren. Dazu sind Beschlüsse auf Ebene der Unternehmens-leitung herbeizuführen. Die Umsetzungsbeschlüsse müssen mit der Genehmigung des Budgets und der Einsatzplanung von qualifizierten Personal-Ressourcen verbunden sein.

4.3. Auswahl geeigneter Methoden

Die Zielsetzung „Definition eines neuen Prozessmanagements zur Prüfplanung" setzt umfangreiche Analysen der existierenden Geschäftsprozesse und IT-Systeme in den beteiligten Unternehmensbereichen voraus.

Ein Originalzitat zu dem Thema Systemanalyse von Tom de Marco lautet [De08]:

„Analysis is the study of a problem, prior to taking some action. In the specific domain of computer systems development, analysis refers to the study of some business area or application, usually leading to the specification of a new system."

„Die Analyse umfasst das Verstehen des Problems, bevor die Lösung erarbeitet wird. Im Falle der Hardware- oder Softwareentwicklung führt die Analyse zur Systemspezifikation."

Die Methode „Strukturierte Analyse nach de Marco" [De79, Ki04, Yo99] umfasst:

- **Datenflussdiagramme (Data Flow Diagrams)**
- **Datenlexikas (Data Dictionaries)**
- **Prozessspezifikationen (MiniSpecs)**

Die Methode der strukturierten Analyse hat sich mit der Veröffentlichung des Standardwerkes „Structured Analysis and System Specification" von Tom de Marco Mitte der siebziger Jahre zu einem **weit verbreiteten Standard bei Systemanalysen** entwickelt und wird in vielen Software-Entwicklungsumgebungen eingesetzt. Die Stärken der strukturierten Analyse liegen darin, dass sie sich graphischer Objekte bedient und eine einfache Modellnotation besitzt. Eine Spezifikation der Anwendung in freiem, ggf. für einen Dritten schwer verständlichem, Text wird vermieden. [Ki04]

Die strukturierte Analyse und die Wirkungskettenanalyse [Sc06] sind in der Kombination sehr geeignet, um komplexe technisch-organisatorische Zusammenhänge zu analysieren und um einen neuen Prozess zu definieren.

Als Methoden wurden ausgewählt:

- Wirkungskettenanalyse
- Strukturierte Analyse [De79] zur Analyse und Neudefinition der Prozesse
- Modellierung der Prozesse mit dem Modellierungstool Innovator [Mi08]
- Demonstrator des Prüfplanungstools in Microsoft-Excel ™
- Algorithmus zur Risikopriorisierung über die Funktionen von Microsoft-Excel ™

Auf Basis der Erfahrungen des Autors aus großen Fahrzeugelektronik- und IT-Projekten wurde folgende Vorgehensweise gewählt:

- Interviews und Workshops mit ausgewählten Experten zur Problemanalyse
- Wirkungskettenanalyse, d.h. Analyse der Ursachen und Wirkungen
- Strukturierte Analyse der bestehenden Geschäftsprozesse
- Management Meetings zur Zieldefinition und Zielvereinbarung
- Synthese des neuen Prüfplanungsprozesses
- Beschreibung der neuen Prozesse in einem Prozess-Handbuch
- Lastenheft-Spezifikation für das Softwaretool
- Pflichtenheft-Spezifikation durch den Lieferanten des Softwaretools
- Demonstrator-Implementierungen aller relevanten Prozess-Schritte
- Erstimplementierung für ein einzelnes Fahrzeugsystem, basierend auf den Erfahrungen der Demonstrator-Implementierung
- Implementierung für eine Fahrzeugbaureihe auf Basis der Erfahrungen aus der Erstimplementierung

4.4. Beschreibung des neuen Prüfplanungsprozesses

4.4.1. Gesamtprozess-Sicht

Der Prozess zur Auswahl und Gestaltung von Prüfungen hat das Ziel, durch systematische Prüfung ausgewählter Komponenten, Systeme, Wirkketten und Funktionen die Sicherheit und die Qualität der Fahrzeuge zu gewährleisten. Der Prozess berücksichtigt die Bedeutung der Produkt-Entwicklung, der Produktion und des Qualitätswesens für die Prüfplanung. Die Prozesse sind auf die verantwortlichen Organisationseinheiten „Entwicklung", „Produktionsplanung", „Produktion" und „Qualitätssicherung" in der industriellen Praxis zugeschnitten. **Das bedeutet, dass für die jeweilige Organisationseinheit ein eigener Prozess mit definierten Verantwortungen, Schnittstellen und Lieferumfängen definiert wurde.** Die Umsetzung des vorgeschlagenen Prüfplanungsprozesses führt zu einer deutlich verbesserten Vernetzung und Kooperation der genannten Unternehmensbereiche.

Der Ablauf der vier Hauptprozesse ergibt den Zyklus des Prüfplanungsprozesses.

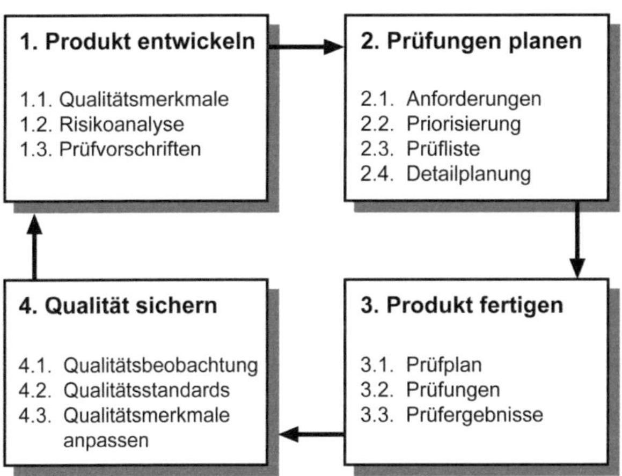

Abbildung 4-4 Der neue Prüfplanungsprozess - Gesamtprozess-Sicht

Im Rahmen des Prozess **„Produkt entwickeln"** werden die **produktbestimmenden Qualitätsmerkmale, die Sicherheitsklassen, die Risikofaktoren aus der Risikoanalyse und die Prüfvorschriften** definiert und formuliert.

Die Eingangsgrößen werden im Prozess **„Prüfungen planen"** erfasst und daraus wird eine **Prüfbedarfsliste erstellt**. Die Prüfbedarfsliste wird je Prüfbedarfsposition mit den Informationen Prüfaufwand (Kosten, Zeit) und Risikofaktoren ergänzt. Jede Prüfbedarfsposition wird den Fertigungs-Gewerken Presswerk, Rohbau, Lackierung oder Montage zugeordnet. Für jedes Fertigungs-Gewerk ist ein eigener Prüfplanungsprozess vorgesehen. Im Rahmen dieser Arbeit wurde allein die Fahrzeugmontage betrachtet.

Die Prüfbedarfspositionen werden einem Priorisierungsverfahren unter Berücksichtigung der Risikofaktoren und der Vorgaben über den Gesamt-Prüfaufwand (Kosten, Zeit) unterzogen. **Der numerische Priorisierungsalgorithmus stellt die wichtigste Kernfunktion des Prozesses „Prüfungen planen" dar.**

Die Prüfliste wird aus der Prüfbedarfsliste durch den Priorisierungsalgorithmus nach objektiven Kriterien erzeugt. Die Prüfliste ist freizugeben und zu archivieren.

Im Prozess **„Produkt fertigen"** wird aus der bis dahin baureihenspezifischen Prüfliste ein ausstattungs- und **fahrzeugspezifischer Prüfauftrag** durch das Produktionssteuerungssystem generiert, dokumentiert und archiviert. Auf Basis des Prüfauftrags sind die Prüfung durchzuführen, die Einzelergebnisse zu erfassen, und zu archivieren.

Der Prozess **„Qualität sichern"** verfolgt die Zielsetzung auf Basis der Feldbeobachtung die **Qualitätsstandards und die zusätzlichen Qualitäts-Merkmale** zu definieren.

Mit dem mehrfachen Durchlauf (Iteration) des Zyklus werden die Annahmen der Risikoanalyse über die Betriebsdaten aus dem Feld (Qualitätsbeobachtung) bestätigt oder müssen angepasst werden. In den folgenden Kapiteln 4.4.2. bis 4.4.5. werden die einzelnen Prozesse erläutert.

4.4.2. Prozess „Produkt entwickeln"

Der Prozess „Produkt entwickeln" hat originär die Hauptaufgabe der Konstruktion der Bauteile und der produktbestimmenden Eigenschaften, sowie deren prototypische Darstellung und Erprobung. Im Folgenden werden allein die für die Prüfplanung erforderlichen Prozessumfänge behandelt.

Aus der Datenanalyse folgt gemäß der Methode der strukturierten Analyse die Detaillierung des Prozesses in seine Unterprozesse (TP).

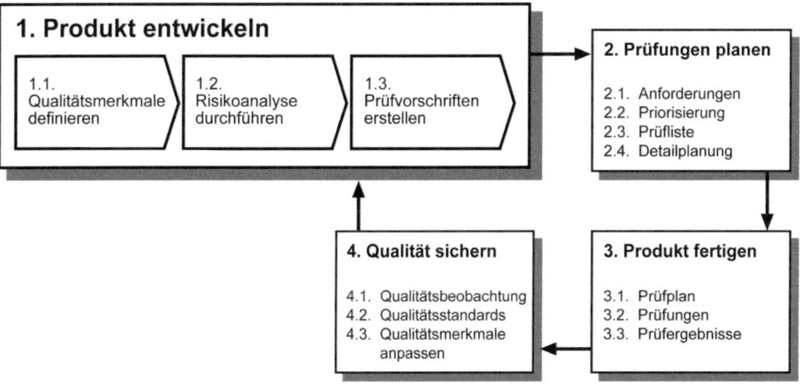

Abbildung 4-5 Prozess „Produkt entwickeln"

TP 1.1 Qualitätsmerkmale definieren

- Auswahl und Formulierung der Qualitätsmerkmale. Qualitätsmerkmale sind besondere Merkmale.

- Die Qualitätsmerkmale beschreiben die vom Ingenieur geplante Qualität einer Komponente oder eines Systems in Form eines Maßes (z.B. Toleranz, Ausfallrate, Ausführungszeit, Genauigkeit).

TP 1.2. Risikoanalyse durchführen

- Die Durchführung der technischen Risikoanalyse der Komponenten und Systeme, z.B. nach dem FMEA-Verfahren, liefert die Risikofaktoren.

- Die Risikofaktoren umfassen die Bedeutung, die Auftretenswahrscheinlichkeit und die Entdeckungswahrscheinlichkeit ohne die Durchführung einer Prüfungen je Qualitätsmerkmal

TP 1.3. Prüfvorschrift erstellen

- Auf Basis der Ergebnisse der Risikoanalyse wird die „Prüf- und Inbetriebnahmevorschrift" je Fahrzeug-System, sowie für das Gesamtfahrzeug erstellt.

- Die Prüfvorschrift beinhaltet die Prüfkriterien und die Grenzwerte.

- Im Falle der E/E-Systeme beinhaltet die Prüfvorschrift auch das Prüfverfahren und die Kommunikationsbeschreibung.

Der Prozess stellt die Umsetzung der Anforderungen

A1:   Die Qualitätsmerkmale der Fahrzeug-Systeme und Funktionen sind durchgängig zu definieren und zu dokumentieren.

A3:   Die Anforderungen der Gesetzgebung und der Normung sind umzusetzen.

A4:   Die technischen Risiken der Systeme und Funktionen des Fahrzeugs sind systematisch zu analysieren.

gemäß Kapitel 4.2. sicher.

4.4.3.　　　Prozess „Prüfungen planen"

Der Prozess „Prüfungen planen" ist der Kernprozess des neuen Prozessmanagements. Er besteht aus den dargestellten Unterprozessen. Das Ergebnis des Kernprozesses ist die „Prüfliste". Sie wird als Ausgangs-Information an den nachfolgenden Hauptprozess „Produkt fertigen" bereitgestellt. Mit der Prüfliste wird die Produktionssteuerung mit der vollständigen Information zur Generierung des Fahrzeug-spezifischen Prüfauftrags versorgt.

Der Prozess stellt die Umsetzung der Anforderungen A2, A3, A5, A8-A11 gemäß Kapitel 4.2 sicher.

Die hier vorgestellte Prozessfolge erfüllt das Ziel einer durchgängigen, vollständigen, nachvollziehbaren und somit objektiven Planung der Prüfungen für eine Fahrzeugbaureihe.

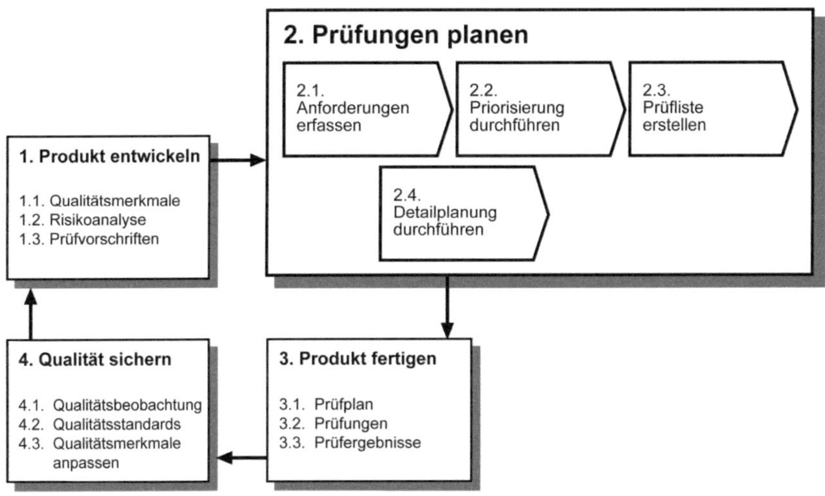

Abbildung 4-6　Prozess „Prüfungen planen"

Die Teilprozesse 2.1.-2.4. sind wie folgt grob spezifiziert:

TP 2.1 Anforderungen erfassen

- Entgegennehmen der Anforderungen und Zusammenfassung in einer Prüfbedarfsliste durch den Prüfplanungs-Ingenieur.

- Vorgaben für den Prüfaufwand (Kosten, Zeit) und für das Qualitätsziel „Fehleranzahl" formulieren. Diese Vorgaben stammen aus dem Produktmanagement und sind in Abhängigkeit zu Stückzahl, Erlös, Produktreife etc. formuliert.

- Erfassen der Risikofaktoren.

- Sortieren der Anforderungen und Zuordnung zu den Produktions-Gewerken wie Presswerk (Teile-Maße), dem Rohbau (Teile-Maße, Dichtheit, Oberflächen-Güte), der Lackierung (Lackgüte) und der Montage (Funktionen).

- Kennzeichnung der Positionen in der Prüfbedarfsliste die durch den Lieferanten der Komponente oder das Produktionsverfahren selbst sichergestellt sind und keiner Prüfung bedürfen. Dies gilt nur für Nicht-sicherheitsrelevante Qualitätsmerkmale.

- Zuordnen des Prüfverfahrens, der Prüfkosten und Prüfzeiten zu jeder Position der Prüfbedarfsliste. Auswahl des kostengünstigsten Prüfverfahrens.

TP 2.2 Priorisierung durchführen

- Erzeugen der Prüfliste aus der Prüfbedarfsliste durch das Anwenden des Priorisierungsalgorithmus (siehe Kap. 4.4.4.).

TP 2.3 Prüfliste erstellen

- Qualitätsmerkmals-Eigner über Ergebnis der Prüflisten-Priorisierung informieren Freigabe, Dokumentation und Archivierung der finalen Prüfliste

TP 2.4 Detailplanung durchführen

- Detailplanung der Prüfungen in Form der Arbeitsanweisungen und Spezifikation der Anlagen durchführen.

- Einplanen der durchzuführenden Prüfungen in den Produktionsprozess, Bestimmung der zu prüfenden Einheiten bzw. des mengen- oder zeitbezogenen Prüfintervalls.

- Festlegung der Reihenfolge, in der die einzelnen Merkmale zu prüfen sind. Erstellen der Arbeitsanweisungen.

- Dokumentation des Prüfauftrags
- Übergabe an den Betreiber des Produktionsabschnitts

Der Prozess „Prüfungen planen" ist durch die folgenden Eingangs-Informationen gekennzeichnet:

Qualitäts-Merkmale

Die Qualitäts-Merkmale werden im Rahmen des Prozesses „Produkt entwickeln" generiert. Der verantwortliche Entwicklungsingenieur (Q-Merkmalseigener) formuliert die Qualitätsmerkmale in Lastenheften, Spezifikationen, Zeichnungen oder Datensätzen. Die Qualitätsmerkmale sind in den Dokumenten besonders hervorzuheben, in elektronischen Dokumenten als solche zu definieren.

Zusätzliche Qualitätsmerkmale

Aus der Qualitätsplanung werden zusätzliche Qualitäts- und Prüfmerkmale produktspezifisch vorgegeben. Die zusätzlichen Qualitätsmerkmale werden aus den Betriebserfahrungen („Felderfahrungen") der Fahrzeuge generiert.

Qualitätsstandards

Die Qualitätsstandards werden auf Basis der Erfahrungen der Vorgängerbaureihe oder anderer vergleichbarer Fahrzeuge baureihenspezifisch im Prozess „Qualität sichern" definiert.

Produktionsrisiken

Die für die Umsetzung des Prozesses „Produkt fertigen" verantwortliche Produktionseinheit formuliert die während der Fertigung gewonnen Erfahrungen in Form der produktspezifischen Produktionsrisiken.

Produktvorgaben

Die Vorgaben werden von der für die Baureihenentwicklung verantwortlichen Organisation in Form von Prüfzeit, Prüfkosten und Fehlertoleranzmaß formuliert.

Die für den Prozess „Prüfungen planen" verantwortliche Organisation in der Produktionsplanung sollte die Beschaffung der Informationen in möglichst automatisierten Prozessen organisieren.

Dabei sind zwischen den Unternehmensbereichen sogenannte Push-Prozesse zu installieren, das heißt der erstellende Ingenieur im Entwicklungsbereich (Informationsgeber gemäß Kapitel 3.1.) veranlasst die Übersendung der Informationen an den Ingenieur in der Produktionsplanung oder im Qualitätswesen (Informationssuchender gemäß Kapitel 3.1.) direkt oder in Form einer Freigabenachricht.

Der Prozess Prüfplanungsingenieur meldet die Umsetzung der Qualitätsmerkmale (ja/nein/wie) an den Ersteller des Qualitätsmerkmals (Q-Merkmalseigner) in Entwicklung oder im Qualitätswesen zurück.

4.4.4.　　Priorisierungsalgorithmus

Der Priorisierungs-Algorithmus dient der objektiven und nachvollziehbaren Priorisierung der Prüfungen. Das Priorisierungs-Verfahren und der Algorithmus sind der wesentliche Bestandteil des Prozesses „Prüfungen planen" gemäß Kapitel 4.4.3. **Er stellt ein analytisches Entscheidungsverfahren zur Auswahl der Prüfungen bereit.**

> 2.2.
> Priorisierung
> durchführen

Es wird ein Verfahren bestehend aus 10 Schritten mit dem neuen Ansatz

$$\Delta PKZ = PKZ\alpha - PKZ\beta \qquad 0 \leq \Delta PKZ \leq 10000 \tag{4.1}$$

vorgeschlagen.

Das Verfahren wird auf den folgenden Seiten erläutert.

Der Algorithmus ist unabhängig von der Art des technischen Gesamt-Systems (Flugzeug, Fahrzeug, etc.) und der physikalischen Repräsentation (Metallelemente, Kunststoff-Elemente, Elektronik-Komponenten, etc.) formuliert, er ist somit generisch für jedes technische System.

Der Algorithmus stellt eine Weiterentwicklung des bekannten FMEA-Verfahrens [DGQ04, IEC60812] zur Risikoanalyse dar.

Die Anforderung A4 - Die technischen Risiken der Systeme und Funktionen des Fahrzeugs sind systematisch zu analysieren – wird durch die Risikoanalyse im Prozess „Produkt entwickeln" und durch die Anwendung des im Folgenden dargestellten Algorithmus erfüllt.

Ziel der Berechnungen ist es, auf Basis der relativen Priorität der einzelnen Prüfungen, aus der Gesamtmenge der ermittelten Prüfbedarfe eine numerische Grundlage für die Auswahl der letztlich durchzuführenden Prüfungen zu erhalten.

Die mathematische Berechnung beinhaltet die Ermittlung der Entdeckungswahrscheinlichkeit des Fehlers, die Wahrscheinlichkeit des Auftretens des Fehlers sowie die Bedeutung bei Auftreten des Fehlers.

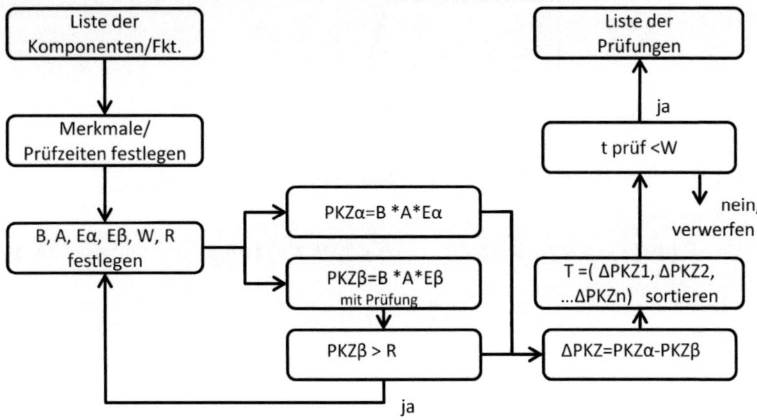

Abbildung 4-7   Priorisierungsverfahren

Es gelten folgende Definitionen:

A   Auftretenswahrscheinlichkeit

B   Bedeutung der Fehlerfolgen

ΔPKZ Differenz der Prioritätskennzahl

E   Entdeckungsrate

Eα   Entdeckungswahrscheinlichkeit ohne Prüfung

Eβ   Entdeckungswahrscheinlichkeit mit Prüfung

PKZα Prioritätskennzahl ohne Prüfungen

PKZβ Prioritätskennzahl mit Prüfungen

R   Riskogrenzwert

t prüf Prüfzeit (sek)

W   Wirtschaftlichkeitsgrenzwert (sek)

Folgende Verfahrensschritte sind je Qualitätsmerkmal einer Komponente bzw. Funktion des technischen Systems durchzuführen. Dabei sind die Verfahrensschritte 1 bis 3a identisch mit den Schritten des FMEA-Verfahrens. (Kapitel 3.2.1.)

TP 2.2.1 Auftretenswahrscheinlichkeit A festlegen

- Die Wahrscheinlichkeit des Auftretens eines Fehlers ist numerisch zu bewerten.
- Je höher die Auftretungswahrscheinlichkeit eines Fehlers ist, desto höher ist die Bewertungszahl (Wertebereich 1-10). Die Variable A ist dimensionslos.

TP 2.2.2 Bedeutung B festlegen

- Die Bedeutung der Folgen eines Fehlers ist numerisch zu bewerten.
  Die Bedeutung der Folgen eines Fehlers bezieht sich auf Auswirkungen sowohl für den Systemanwender, als auch für den Hersteller.
- Bewertet werden komfort-, kosten- und sicherheitsrelevante Auswirkungen.
- Je größer die Folgen eines Fehlers sind, desto höher ist die Bewertungszahl (Wertebereich 1-10). Den sicherheitskritischen Qualitätsmerkmalen wird der Wert 100 zugewiesen. Die Variable B ist dimensionslos.

TP 2.2.3 Entdeckungswahrscheinlichkeit E bewerten

TP 2.2.3a. Entdeckungswahrscheinlich Eα eines Fehlers <u>ohne</u> Prüfung

- Festlegung der Entdeckungswahrscheinlichkeit Eα eines Fehlers, ohne Durchführung einer Prüfung. Die Entdeckungswahrscheinlichkeit bezieht sich hierbei auf die Entdeckung eines Fehlers im Fertigungsprozess.
- Je höher die Entdeckungswahrscheinlichkeit Eα, desto niedriger ist die Bewertungszahl (Wertebereich 1-10). Die Variable Eα ist dimensionslos.

TP 2.2.3b. Entdeckungswahrscheinlich Eβ eines Fehlers <u>mit</u> Prüfung

- Festlegung der Entdeckungswahrscheinlichkeit Eβ eines Fehlers, mit Durchführung einer Prüfung. Die Entdeckungswahrscheinlichkeit bezieht sich hierbei auf die Entdeckung eines Fehlers im Fertigungsprozess.

- Je höher die Entdeckungswahrscheinlichkeit Eβ, desto niedriger ist die Bewertungszahl (Wertebereich 1-10). Die Variable Eβ ist dimensionslos.

TP 2.2.4 Prioritätskennzahl PKZ berechnen.

- Die Prioritätskennzahl PKZ ist das Produkt aus den drei Bewertungszahlen Auftretungswahrscheinlichkeit A und Bedeutung B des Fehlers, Entdeckungswahrscheinlichkeit E, je Prüfung. Die Prioritätskennzahl ist je Prüfung zweimal zu berechnen.

TP 2.2.4a. Prioritätskennzahl PKZα <u>ohne</u> Prüfung

- Die Prioritätskennzahl <u>ohne</u> Durchführung der Prüfung berechnet sich aus

$$PKZ\alpha \;=\; A \;\cdot\; B \;\cdot\; E\alpha \qquad\qquad 1 \leq PKZ\alpha \leq 10000 \qquad\qquad (4.2)$$

TP 2.2.4b. Prioritätskennzahl PKZβ <u>mit</u> Prüfung

- Die Prioritätskennzahl <u>mit</u> Durchführung einer Prüfung berechnet sich aus

$$PKZ\beta \;=\; A \;\cdot\; B \;\cdot\; E\beta \qquad\qquad 1 \leq PKZ\beta \leq 10000 \qquad\qquad (4.3)$$

TP 2.2.5 Schwellwert R festlegen

- Der Schwellwert R für die Prioritätskennzahl PKZ beschreibt den Übergang vom Wertebereich des nicht-akzeptablen zu dem akzeptablen Risiko.

- Je höher der Schwellwert R liegt desto höher ist das vom Unternehmen bzw. den im Auftrag handelnden Personen akzeptierte Risiko eines unentdeckten Fehlers. (Wertebereich 10-1000). Der Schwellwert R ist dimensionslos.

TP 2.2.6 Schwellwert-Berechnung für PKZβ durchführen

- Der Schwellwert für alle Risikoprioritätskennzahlen PKZβ berechnet sich aus

$$T\ (PKZ\beta_1, PKZ\beta_2, ... PKZ\beta_n) = \begin{cases} 0 & falls\ PKZ\beta\ \leq R \\ 1 & falls\ PKZ\beta\ > R \end{cases} \qquad (4.4)$$

- Alle Qualitätsmerkmale deren PKZβ oberhalb des Schwellwerts R liegt werden identifiziert.

- **Die Qualitätsmerkmale, deren Risikoprioritätskennzahl PKZβ oberhalb des Schwellwerts R liegt, sind auch mit Prüfungen nicht in einen für das Unternehmen akzeptablen Risikobereich zu führen.**

- In der Konsequenz muss eine konstruktive Änderungen der Komponente/Funktion, eine verbesserte Prüfung mit höherer Prüfschärfe oder eine Korrektur des Merkmals in Richtung Abschwächung erfolgen.

TP 2.2.7 Differenz der Prioritätskennzahlen *ΔPKZ* berechnen

- Die Differenz beschreibt die Risikominderung durch Prüfung

$$\Delta PKZ\ = PKZ\alpha - PKZ\beta \qquad (4.1)$$

- **Die Risikominderung *ΔPKZ* beschreibt quantitativ den Wertschöpfungsbeitrag der Prüfung.**

TP 2.2.8 Sortieren der ΔPKZ

- Die Δ PKZ werden in abfallender Folge sortiert

$$T = (\Delta PKZ_1, \Delta PKZ_2, \Delta PKZ_3, ... \Delta PKZ_n) \qquad PKZ_i\ \leq PKZ_j\ \leq N \qquad (4.5)$$

für alle $i < j$

wobei M ΔPKZ : Menge der ΔPKZ

und   N   : Anzahl der Elemente dieser Menge

- **Die höchsten Risikominderungen ΔPKZ, die durch Prüfungen zu erzielen sind, erhalten die jeweils höchste Position in der Rangliste der Prüfungen.**

TP 2.2.9 Grenzwert W (sek)

- Der Grenzwert W stellt die Obergrenze der Prüfzeiten von Prüfautomaten oder von Werkern dar. Er ist ein Maß für die Prüfkosten und die Wirtschaftlichkeit des Produktionsprozesses.

TP 2.2.10 Auswahl der Prüfungen

- Die Prüfungen mit hohem ΔPKZ, die innerhalb der vorgegebenen Prüfzeit W abzuarbeiten sind, werden durch den Priorisierungsalgorithmus ausgewählt und werden in die Prüfliste übernommen.
- **Im Falle des Beispiels der Abbildung 4-8 sind die Prüfungen mit den berechneten ΔPKZ-Tupeln i_1 - i_6 priorisiert worden.**
- **Die Prüfungen i_7 –i_n werden nicht durchgeführt, da diese relativ betrachtet nicht genügend Mehrwert bieten.**

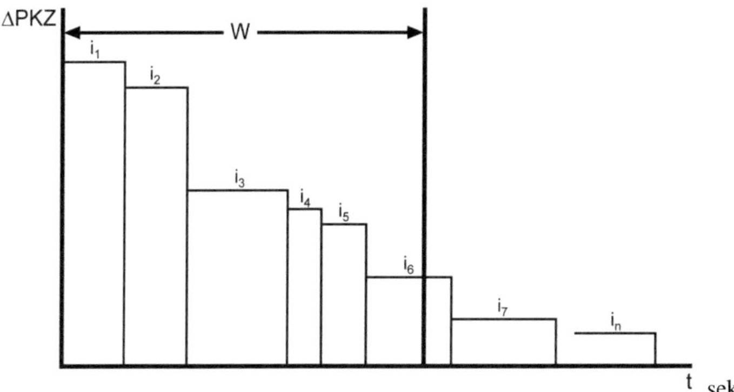

Abbildung 4-8 Reihenfolge der Prüfungen i_1 - i_n nach der Priorisierung

Der vorgestellte Priorisierungsalgorithmus liefert ein numerisches Verfahren für die Auswahl der für das Unternehmen und aus gesellschaftlicher Sicht werthaltigsten Prüfungen.

4.4.5.   Prozess „Produkt fertigen"

Das Ergebnis des Prozesses ist die Dokumentation des Prüfauftrags und der Einzelprüfergebnisse je individuelles Fahrzeug.

Der Prozess stellt die Umsetzung folgender Anforderungen sicher:

A6: Die Qualitätsinformationen aus der Fertigung sind systematisch in der Prüfplanung zu berücksichtigen

A7: Die Prüfergebnisse sind als Ergebnis je Prüfung zu dokumentieren und zu archivieren.

Der Prozess erfüllt das Ziel einer vollständigen und nachvollziehbaren Durchführung der Fahrzeugprüfungen und deren Dokumentation.

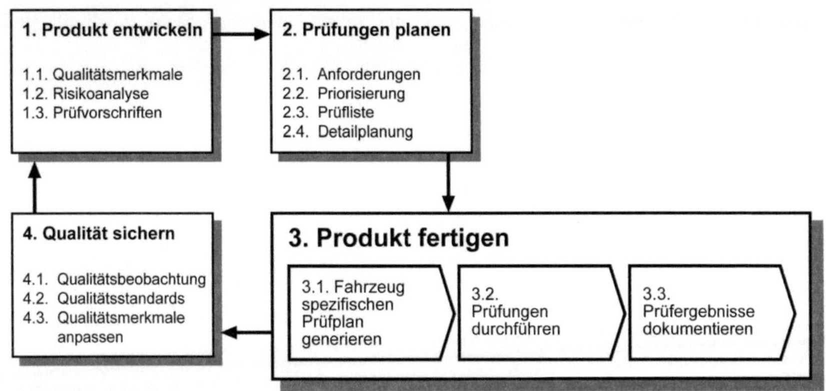

Abbildung 4-9 Prozess „Produkt fertigen"

Die Teilprozesse 3.1.-3.3. sind wie folgt grob spezifiziert:

TP 3.1 Fahrzeugspezifischen Prüfplan generieren

- Der Prozess erhält als Startinformation die Prüfliste für eine Fahrzeugbaureihe aus der Prüfplanung.

- Den Prüfauftrag fahrzeugspezifisch in Abhängigkeit der Ausstattung im Produktionssteuerungs-System erstellen, dokumentieren und archivieren.

  Besonders ist zu erwähnen, dass die fahrzeugspezifische Prüfliste erst in der Produktionsphase auf Basis des Produktionsauftrags und der dann bekannten Ausstattungsliste durch das Produktionssteuerungssystem erzeugt werden kann.

TP 3.2 Prüfungen durchführen

- Prüfung am Fahrzeug durchführen

- Einzelergebnisse erfassen, ggf. vorhandene Fehler beheben

- Folge-Prüfung nachdokumentieren.

TP 3.3 Prüfergebnisse dokumentieren

- Die Dokumentation umfasst den Prüfauftrag und Einzel-Prüfergebnisse je individuelles Fahrzeug.

- Prüfplan und Prüfergebnisse sind je Fahrzeug in einem Langzeitarchiv zu speichern. Auf dieses Archiv muss ein kurzfristiger Zugriff im Falle eines Rechtskonflikts möglich sein.

- Zusätzlich sind Fertigungsrisiken, d.h. Fehler, die wiederholt im Rahmen der Fertigungsprozesse aufgetreten und erkannt worden sind, zu identifizieren.

4.4.6.   Prozess „Qualität sichern"

Der Prozess verfolgt die Zielsetzung der vollständigen Festlegung der „Zusätzlichen Qualitäts-Merkmale" und der „Qualitätsstandards".

Der Prozess liefert die Ergebnisse an die Folgeprozesse „Produkt entwickeln" und „Prüfungen planen".

Der Prozess erfüllt die Anforderungen:

A1: Die Qualitätsmerkmale der Fahrzeugsysteme und Funktionen sind durchgängig zu definieren und zu dokumentieren.

A6: Die Qualitätsinformationen aus der Fertigung und aus dem Feld sind systematisch in der Prüfplanung zu berücksichtigen

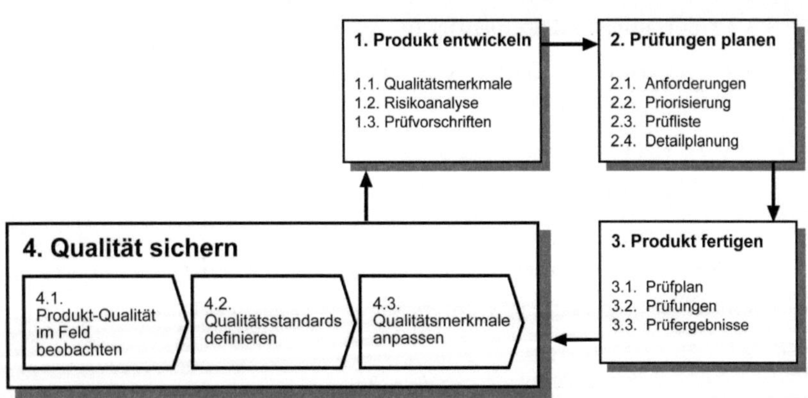

Abbildung 4-10   Prozess „Qualität sichern"

Die Teilprozesse 4.1.-4.3. sind wie folgt grob spezifiziert:

TP 4.1 Produktqualität im Feld beobachten

- Die Beobachtung der Produktqualität im Feld umfasst die Sammlung aller Fehlerinformationen und Kundenbeschwerden aus den unternehmenseigenen Werkstätten (Callcenter/Niederlassungen) und aus den Vertragswerkstätten, insbesondere der Fehler von Sicherheitsfunktionen.

- Insbesondere im Falle einer großen Anzahl von Produkten im Feld ist das Führen eines Beschwerdebuchs gemäß Geräte- und Produktsicherheitsgesetz als Beweismittel zur Abwehr von Produkthaftungs- oder Sicherheitsverletzungsklagen für den Hersteller zu empfehlen. [GPSG04, §5]

TP 4.2 Qualitätsstandards definieren

- Formulierung der Qualitätsstandards auf Basis der Feldbeobachtungen und der strategischen Qualitätsziele des Unternehmens.

- Die Standards beschreiben übergreifend für eine Marke oder eine Produktfamilie (Baureihe) die Qualitätsanforderungen und die Maßstäbe.

TP 4.3 Qualitätsmerkmale anpassen

- Formulierung der zusätzlichen Qualitätsmerkmale.

- Die in Qualitätsstandards und im Wesentlichen durch die Entwicklung definierten Qualitätsmerkmale können bei Bedarf angepasst oder ergänzt werden.

4.5. Organisation der Prüfplanung

Die Bildung einer kooperierenden Organisation zur Umsetzung des Prüfplanungsprozesses stellt, nach der Definition des neuen Prüfplanungsprozesses selbst, die zweite Säule des neuen Prozessmanagements zur Prüfplanung dar.

Die nachfolgende Tabelle (Abbildung 4-11) fasst die wesentlichen Maßnahmen zur Schaffung einer kooperierenden Prüfplanungsorganisation, bestehend aus den Ingenieuren der am Prüfplanungsprozess beteiligten Unternehmensbereiche Entwicklung, Qualitätswesen, Produktionsplanung und Produktion zusammen.

Organisationskonzept Prüfplanung	
Zielsetzung	**Maßnahme**
Denken in den Zielen des Gesamtunternehmens Ziele sind gleich verstanden und sind einvernehmlich	Gründung einer bereichsübergreifenden Projektgruppe „Prüfplanung Baureihe XYZ". Mitglieder sind Vertreter der betroffenen Unternehmensbereiche Entwicklung, Qualitätswesen, Produktionsplanung, Prüfplanung und Produktion.
Kenntnis über die Aufgaben und Verantwortungen des Partners im Produktentstehungsprozess	Veröffentlichung eines unternehmensweiten Verzeichnisses der Mitglieder der Projektgruppe

Symmetrische Beziehung zwischen Informationssuchenden und informationsliefernden Ingenieuren schaffen	Projektgemeinschaft bilden Strukturierte Workshops organisieren, um Verständnis und Vertrauen zu schaffen, mit dem Ergebnis verbindlicher Maßnahmen
Flut an eingehenden Emails eindämmen, Wichtiges vom Unwichtigen zu unterscheiden, Unklarheit über Vollständigkeit der Verteileradressen	Priorisierung von Emails auf Basis automatisch gepflegter Projekt-mitarbeiterverzeichnisse (Funktion des Email-Systems)
Klarheit über Daten- und Ablagestrukturen Zugriffsrechte Informationen schnell verfügbar machen	Produkt-Dokumentions-System (PDM) Zugriff über Projektmitarbeiterverzeichnis gesteuert Push-Prinzip für Informationen

Abbildung 4-11 Tabelle Organisation der Prüfplanung

Die im Rahmen des Prozessmanagements erarbeiteten **Organisationsregeln für die Prüfplanung** sind im Anhang A2 beschrieben.

4.6. Prozessmanagement - Zusammenfassung

Die Konzeption eines neuen methodischen Prozessmanagements der Prüfplanung für den Montagebereich des Herstellers auf Basis einer IT-gestützten Lösung, welche in die Entwicklungs-, Produktionsplanungs- und Produktionsprozesse eingebettet werde kann, wurde dargestellt.

Das neue Prozessmanagement zur Prüfplanung mitsamt den zugrunde liegenden Prozessen ist geeignet, um ein fehlerfreies technisches Produkt höchster Qualität gemäß den gesetzlichen Vorgaben herzustellen und an den Kunden auszuliefern.

Der wissenschaftliche Beitrag dieser Arbeit zu dem Thema Prüfplanung umfasst:

- **Formalisierung von Wissen**
- **das neue numerische Verfahren „Priorisierungsalgorithmus"**
- **die Rentabilitätsbetrachtung „Mehrwert der Prüfung"**
- **die neue Betrachtungsweise aus sozialer und gesellschaftlicher Sicht**

Das vorgestellte **Prozessmanagement ist generisch formuliert**. Die Anwendungen, der Stand der Technik, sowie die Rahmenbedingungen sind für Personenkraftwagen beschrieben.

Mit der Umsetzung des neuen Prozessmanagements ist ein effizienter, vollständiger und norm-gerechter Prozess zur Planung, Durchführung und Dokumentation der Prüfungen sichergestellt.

Der Aufwand zur Planung und Durchführung wird reduziert.

Der tendenziell wachsende Aufwand zur Dokumentation von Prüfauftrag und Prüfergebnis wird begrenzt. Das Prozessmanagement bietet die Chance die produktionsbedingten Fehlerraten eines Neufahrzeugs weiter zu reduzieren.

5. Implementierung und Validierung

Im folgenden Kapitel ist die Implementierung und Validierung des im vorangegangenen Kapitel 4 definierten Prüfplanungsprozess mit Fokus auf den Prozess „Prüfungen planen" beschrieben.

Die Implementierung des neuen Verfahrens erfolgt in Form der Erfassung einer Liste exemplarischer Qualitätsmerkmale, sowie durch die Generierung einer Prüfliste 1 und der Generierung einer priorisierten Prüfliste 2 für eine fiktive Fahrzeug-Baureihe XYZ.

Die Validierung des Verfahrens wird durch den Vergleich der beiden Prüflisten durchgeführt (Kapitel 5.1.). Die priorisierte Prüfliste der Baureihe XYZ zeigt das Ergebnis des Priorisierungsverfahrens und belegt damit die Funktionsfähigkeit.

Um die Lesbarkeit zu verbessern wurde die zugrundeliegende Spezifikation der Arbeitsschritte in die Anlage 2 und der Organisationsregeln der Prüfplanung in die Anlage 3 gestellt.

Zusätzlich wird eine typische Prüfung in zwei Varianten diskutiert (Kapitel 5.2)

5.1. Validierung des Prüfplanungsprozesses

Wie im Rahmen der Zieldefinition bereits ausgeführt, besteht ein Personenkraftwagen (Pkw) der Mittelklasse (VW-Passat, BMW- 5er, Mercedes C-Klasse) aus ca. 2000-4000 Bauteilen und Modulen. Unter der Vernachlässigung von Kleinteilen wie Schrauben und Clipse (500-1000) sowie unter der Annahme von zwei Qualitätsmerkmalen je Teil (Maße/Beschaffenheit) sind 3000-6000 teilebezogene Qualitätsmerkmale zu erfüllen.

Zusätzlich muss ein Pkw ungefähr 3000 funktionale Qualitätsmerkmale erfüllen.

In Summe sind für einen Pkw der Mittelklasse 6000-9000 Qualitätsmerkmale vor dem Inverkehrbringen des Fahrzeugs sicherzustellen.

Die Sicherstellung der Qualitätsmerkmale muss nicht zwangsläufig durch Prüfungen erfolgen. Wenn das Teil selbst keinen Fehler aufweisen kann, oder dieser äußerst unwahrscheinlich ist, oder der Montageprozess selbst sicher fehlerfrei erfolgt, kann auf eine Prüfung verzichtet werden. Der Verzicht auf eine Prüfung ist allerdings nur für nicht-sicherheitsrelevante Teile und Funktionen zulässig.

Die Liste der im Verlauf der Montage regelmäßig an allen produzierten Fahrzeugen veranlassten Prüfungen (Regelprüfungen) umfasst in der Praxis heute ca. 600 Positionen.

In der industriellen Praxis der Prüfplanung ist somit eine Reduktion der Relation „Qualitätsmerkmale zu Prüfungen" mindestens um den Faktor 10 durchzuführen.

Die Prüfzeiten in den jeweiligen Produktionsgewerken Rohbau, Presswerk, Lackierung und Montage sind von den Fahrzeugherstellern nicht öffentlich kommuniziert.

In der industriellen Praxis erfolgt als nach Erfassung aller Qualitätsmerkmale die Vorsortierung auf die Produktionsgewerke Presswerk, Rohbau, Lackierung, Komponenten-Fertigung und Montage.

Liste der Merkmale

Lfd. Nr.	Vera ntw.	Merkmalsart	Komponente/ Bauteile	Prüf-Verfahren
1	E	Mech. Festigkeit	Federbein	Drehmoment
2	E	Mech. Festigkeit	Gelenkwelle	Drehmoment
3	E	Mech.Festigkeit	Airbag	Sichtprüfung
4	E	Funktion	Lenksystem	Fahren
5	E	Funktion	Feststellbremse	Prüfstand
6	E	Funktion	Feststellbremse, E/E	Prüfstand
7	E	Funktion	Bremssystem	Prüfstand
8	E	Funktion	Getriebe	Prüfstand
9	E	Funktion	ESP/SBC	Prüfstand
10	E	Dichtheit	Motor	Sichtprüfung
11	E	Funktion	Tür, 4x	Funkt.Prüfung
12	E	Funktion	Fenster, Einklemmschutz 4x	Funkt.Prüfung
13	E	Funktion	Sicherheitsgurt, 4x	Funkt.Prüfung
14	E	Funktion	Beleuchtung aussen	Sichtprüfung
15	E	Funktion	Klimaanlage, kühlen	Funkt.Prüfung
16	E	Funktion	Klimaanlage, heizen	Funkt.Prüfung
17	E	Dichtheit	Klimaanlage	Funkt.Prüfung
18	E	Funktion	Signalhorn	Hören
19	Q	Funktion	Radio	Prüfanlage
20	Q	Funktion	Navigation	Prüfanlage
21	Q	Funktion	CD-Player	Prüfanlage
22	Q	Funktion	Audioanlage	Prüfanlage
23	E	Funktion	Ruhestrom	Prüfanlage
24	E	Funktion	Warnblinkanlage	Sichtprüfung
25	Q	Dichtheit	Regendichtheit	Sichtprüfung
26	Q	Exterieur	Regenleiste Geometrie	Sichtprüfung
27	Q	Exterieur	Seitenwand li.	Sichtprüfung
28	Q	Exterieur	Seitenwand li.	Handprüfung
29	Q	Exterieur	Fondtür li.	Sichtprüfung
30	Q	Exterieur	Fondtür li.	Handprüfung
31	Q	Exterieur	Dach li.	Sichtprüfung
32	Q	Exterieur	Fahrertür li.	Sichtprüfung
33	Q	Exterieur	Fahrertür li.	Handprüfung
34	Q	Exterieur	Kotflügel li.	Sichtprüfung
35	Q	Exterieur	Kotflügel li.	Handprüfung
36	Q	Exterieur	Motorhaube	Sichtprüfung
37	Q	Exterieur	Motorhaube/Geometrie	Sichtprüfung
38	Q	Exterieur	Kotflügel re.	Sichtprüfung
39	Q	Exterieur	Kotflügel re.	Handprüfung
40	Q	Exterieur	Regenleiste/ Wasserabweiser	Sichtprüfung
41	Q	Exterieur	Seitenwand re.	Sichtprüfung
42	Q	Exterieur	Seitenwand re.	Handprüfung
43	Q	Exterieur	Fahrertür re.	Sichtprüfung
44	Q	Exterieur	Fahrertür re.	Handprüfung
45	Q	Exterieur	Dach re.	Sichtprüfung
46	Q	Exterieur	Fondtür re.	Sichtprüfung
47	Q	Exterieur	Fondtür re.	Handprüfung
48	Q	Exterieur	Heckdeckel	Sichtprüfung
49	Q	Exterieur	Heckdeckel	Handprüfung
50	Q	Exterieur	Heckdeckel/Geometrie	Sichtprüfung

Abbildung 5-1   Tabelle der erfassten Qualitätsmerkmale

Die Qualitätsmerkmale wurden für die Validierung des Prüfplanungsprozess auf montagerelevante Umfänge ohne Interieur-Umfänge beschränkt. Die Merkmale sind in die Klassen mechanische Festigkeit, Funktion, Dichtheit, Exterieur und Interieur systematisiert. Die Auswahl der Qualitätsmerkmale erfolgte als gewichtete Stichprobe der Merkmalsarten Sicherheit (25%), Funktionen (25%) und Interieur/Exterieur (50%).

Im gewählten Beispiel erbrachte die Erfassung der Qualitätsmerkmale aus dem Entwicklungsbereich und dem Qualitätswesen die Liste der Qualitätsmerkmale Nr. 01 - 50 gemäß der dargestellten Tabelle. (Abbildung 5.1)

Die beispielhafte Liste der Qualitätsmerkmale und die daraus resultierende Prüfliste für die Fahrzeug-Baureihe XYZ hat fiktiven Charakter und ist unvollständig.

Gemäß der Prozessbeschreibung in Kapitel 4.4 wird die Liste der Qualitätsmerkmale um die Prüfverfahren und Prüfzeiten ergänzt.

Die kumulierte Prüfzeit beträgt in dem gewählten Beispiel der 50 Qualitätsmerkmale unter Berücksichtigung der gewählten Prüfverfahren und Prüfzeiten T : 90,2 sek.

Das Ergebnis ist in der folgenden Tabelle (Abbildung 5.2) dargestellt.

Nächste Seite:

Abbildung 5-2 Prüfliste gemäss den erfassten Qualitätsmerkmalen

Prüfliste gemäß den Merkmalen

Lfd. Nr.	Benennung der Prüfung	Prüf-Zeit (sek)	B	Kum Zeit (sek)
1	Federbein an VA-Hälfte festziehen	1,8	100	**1,8**
2	Gelenkwelle festziehen	0,9	100	**2,7**
3	Windowbag li. Sichtprüfung der Befestigungsclipse und Kontaktierung der	3,8	100	**6,5**
4	Lenkung-Subj. Prüfung	3,0	100	**9,5**
5	Bremse - Subjektive Prüfung Feststellbremse	0,9	100	**10,4**
6	Bremse - Feststellbremse prüfen	0,2	100	**10,6**
7	Bremse - IS	0,2	100	**10,8**
8	Gangfolge schalten - IS	2,0	100	**12,8**
9	ESP/SBC Sensor-/Aktortest IS	0,4	100	**13,2**
10	Öl-Dichtheitsprüfung an Motor durchführen	9,0		**22,2**
11	Tür öffnen und schliessen, 4x	4,0	100	**26,2**
12	Einklemmschutz beim Schliessen, 4x	4,0	100	**30,2**
13	Si.-Gurt Gurtstraffer, Funktionsprüfung, 4x	3,6	100	**33,8**
14	Funktion Beleuchtung	2,1	100	**36,0**
15	Klimaanlage - Heizleistungstest	1,1		**37,0**
16	Klimaanlage - Kälteleistungstest	0,5		**37,5**
17	Klimaanlage - Klimaanlage auf Dichtheit schnüffeln incl. Motorhaube öffn	9,0		**46,5**
18	Signalhorn prüfen 420 Hz	0,2		**46,7**
19	Radio Empfang prüfen	0,9		**47,6**
20	Navigation, Positionsbestimmung prüfen	5,0		**52,6**
21	CD-Player, Wiedergabe prüfen	5,0		**57,6**
22	Audioanlage, Funktion Lautsprecher prüfen	2,0		**59,6**
23	Ruhestrom messen	10,0		**69,6**
24	Funktion Warnblinkanlage	0,3		**69,9**
25	Fühlen ob Wasser eindringt	10,0		**79,9**
26	Regenleiste li., Geometrie, Passung	0,3		**80,2**
27	Seitenwand li., Lack Beschädigung, Oberfläche	0,3		**80,5**
28	Seitenwand li., Lack Beschädigung, Oberfläche	0,3		**80,8**
29	Fondtür li., Lack Beschädigung, Oberfläche	0,3		**81,0**
30	Fondtür li., Lack Beschädigung, Oberfläche	0,3		**81,3**
31	Dach li., Lack Beschädigung, Oberfläche	1,0		**82,3**
32	Fahrertür li., Lack Beschädigung, Oberfläche	0,3		**82,6**
33	Fahrertür li., Lack Beschädigung, Oberfläche	0,3		**82,9**
34	Kotflügel li., Lack Beschädigung, Oberfläche	0,3		**83,2**
35	Kotflügel li., Lack Beschädigung, Oberfläche	0,3		**83,5**
36	Motorhaube, Lack Beschädigung, Oberfläche	0,3		**83,8**
37	Motorhaube, Geometrie, Passung	1,0		**84,8**
38	Kotflügel re., Lack Beschädigung, Oberfläche	0,3		**85,1**
39	Kotflügel re., Lack Beschädigung, Oberfläche	0,3		**85,4**
40	Regenleiste re., Geometrie, Passung	0,3		**85,7**
41	Seitenwand re., Lack Beschädigung, Oberfläche	0,3		**86,0**
42	Seitenwand re., Lack Beschädigung, Oberfläche	0,3		**86,3**
43	Fahrertür re., Lack Beschädigung, Oberfläche	0,3		**86,6**
44	Fahrertür li., Lack Beschädigung, Oberfläche	0,3		**86,9**
45	Dach re., Lack Beschädigung, Oberfläche	1,0		**87,9**
46	Fondtür re., Lack Beschädigung, Oberfläche	0,3		**88,2**
47	Fondtür re., Lack Beschädigung, Oberfläche	0,3		**88,5**
48	Heckdeckel, Lack Beschädigung, Oberfläche	0,3		**88,8**
49	Heckdeckel, Lack Beschädigung, Oberfläche	0,3		**89,1**
50	Heckdeckel, Geometrie, Passung	1,0		**90,1**

Nach der Belegung der Faktoren

A: Auftretenswahrscheinlichkeit,

B: Bedeutung/Schweregrad, für Sicherheitsfunktionen wurde der Wert auf 100 gesetzt.

$E\alpha$: Entdeckungswahrscheinlichkeit ohne die Durchführung einer Prüfung

$E\beta$: Entdeckungswahrscheinlichkeit mit Durchführung einer Prüfung

je Zeile der Prüfliste wurden

Risikoprioritätskennzahl ohne Prüfung $\qquad PKZ\alpha = A \cdot B \cdot E\alpha \qquad$ (4.2)

Risikoprioritätskennzahl mit Prüfung $\qquad PKZ\beta = A \cdot B \cdot E\beta \qquad$ (4.3)

sowie

Differenz der Risikoprioritätskennzahlen $\qquad \Delta PKZ = PKZ\alpha - PKZ\beta \qquad$ (4.1)

gemäß des in Kapitel 4.4. vorgestellten Priorisierungsalgorithmuses berechnet.

Danach folgte das Sortieren der Werte ΔPKZ (abfallend). Die größten Risikominderungen ΔPKZ, die durch Prüfungen zu erzielen sind, erhalten die jeweils höchste Position in der Rangliste der Prüfungen.

Abschließend wurde die Wirtschaftlichkeitsvorgabe für die Prüfzeit auf den beispielhaften Schwellwert W: 70,0 sek angesetzt und damit die Anzahl der durchzuführenden Prüfungen limitiert. Dieser Wert ist hier rein zufällig gewählt.

Die Prüfzeit ist ein gut gehütetes Geheimnis in der Automobilproduktion, da sie Aufschluss über die Beherrschung der Qualitätsregelkreise liefert.

Das Ergebnis nach dem Priorisieren und Limitieren zeigt die finale Prüfliste. (Abbildung 5-3)

Prüfliste BR XYZ - priorisiert

Lfd. Nr.	Benennung der Prüfung	Prüf-Zeit (sek)	A	B	E beta	E alpha	PKZ beta	PKZ alpha	PKZ delta	Kumm Zeit (sek)
12	Einklemmschutz beim Schliessen, 4x	4,0	3	100	1	10	300	3000	2700	4,0
14	Funktion Beleuchtung	2,1	3	100	1	10	300	3000	2700	6,1
11	Tür öffnen und schliessen, 4x	4,0	3	100	1	10	300	3000	2700	10,1
1	Federbein an VA-Hälfte festziehen	1,8	2	100	1	10	200	2000	1800	12,0
4	Lenkung-Subj. Prüfung	3,0	2	100	1	10	200	2000	1800	15,0
8	Gangfolge schalten - IS	2,0	2	100	1	10	200	2000	1800	17,0
9	ESP/SBC Sensor-/Aktortest IS	0,4	2	100	1	10	200	2000	1800	17,4
13	Si.-Gurt Gurtstraffer, Funktionsprüfung, 4x	3,6	2	100	1	10	200	2000	1800	21,0
2	Gelenkwelle festziehen	0,9	1	100	1	10	100	1000	900	21,9
3	Windowbag li. Sichtprüfung der Befestigungsclip	3,8	1	100	1	10	100	1000	900	25,7
5	Bremse - Subjektive Prüfung Feststellbremse	0,9	1	100	1	10	100	1000	900	26,6
6	Bremse - Feststellbremse prüfen	0,2	1	100	1	10	100	1000	900	26,8
7	Bremse - IS	0,2	1	100	1	10	100	1000	900	27,0
18	Signalhorn prüfen 420 Hz	0,2	1	100	1	10	100	1000	900	27,2
10	Öl-Dichtheitsprüfung an Motor durchführen	9,0	3	8	1	10	24	240	216	36,2
23	Ruhestrom messen	10,0	2	10	1	10	20	200	180	46,2
24	Funktion Warnblinkanlage	0,3	2	8	1	10	16	160	144	46,5
25	Fühlen ob Wasser eindringt	10,0	6	4	1	7	24	168	144	56,5
19	Radio Empfang prüfen	0,9	4	5	1	8	20	160	140	57,4
22	Audioanlage, Funktion Lautsprecher prüfen	2,0	4	5	1	8	20	160	140	59,4
15	Klimaanlage - Heizleistungstest	1,1	3	6	1	8	18	144	126	60,4
16	Klimaanlage - Kälteleistungstest	0,5	3	6	1	8	18	144	126	60,9
17	Klimaanlage - Klimaanlage auf Dichtheit schnüff	9,0	3	4	1	8	12	96	84	69,9
20	Navigation, Positionsbestimmung prüfen	5,0	3	4	1	6	12	72	60	74,9
27	Seitenwand li., Lack Beschädigung, Oberfläche	0,3	4	1	1	8	4	32	28	75,2
28	Seitenwand li., Lack Beschädigung, Oberfläche	0,3	4	1	1	8	4	32	28	75,5
29	Fondtür li., Lack Beschädigung, Oberfläche	0,3	4	1	1	8	4	32	28	75,8
30	Fondtür Lack Beschädigung, Oberfläche	0,3	4	1	1	8	4	32	28	76,1
31	Dach li., Lack Beschädigung, Oberfläche	1,0	4	1	1	8	4	32	28	77,1
32	Fahrertür li., Lack Beschädigung, Oberfläche	0,3	4	1	1	8	4	32	28	77,4
33	Fahrertür li., Lack Beschädigung, Oberfläche	0,3	4	1	1	8	4	32	28	77,7
34	Kotflügel li., Lack Beschädigung, Oberfläche	0,3	4	1	1	8	4	32	28	78,0
35	Kotflügel li., Lack Beschädigung, Oberfläche	0,3	4	1	1	8	4	32	28	78,3
36	Motorhaube, Lack Beschädigung, Oberfläche	0,3	4	1	1	8	4	32	28	78,6
38	Kotflügel re., Lack Beschädigung, Oberfläche	0,3	4	1	1	8	4	32	28	78,9
39	Kotflügel re., Lack Beschädigung, Oberfläche	0,3	4	1	1	8	4	32	28	79,2
41	Seitenwand re., Lack Beschädigung, Oberfläche	0,3	4	1	1	8	4	32	28	79,5
42	Seitenwand re., Lack Beschädigung, Oberfläche	0,3	4	1	1	8	4	32	28	79,8
43	Fahrertür re., Lack Beschädigung, Oberfläche	0,3	4	1	1	8	4	32	28	80,1
44	Fahrertür li., Lack Beschädigung, Oberfläche	0,3	4	1	1	8	4	32	28	80,4
45	Dach re., Lack Beschädigung, Oberfläche	1,0	4	1	1	8	4	32	28	81,4
46	Fondtür re., Lack Beschädigung, Oberfläche	0,3	4	1	1	8	4	32	28	81,7
47	Fondtür re., Lack Beschädigung, Oberfläche	0,3	4	1	1	8	4	32	28	82,0

Abbildung 5-3   Prüfliste nach der Priorisierung

Die Wirtschaftlichkeitsvorgabe W: 70,0 sek führt dazu, dass sowohl die Prüfzeit gegenüber der ersten Prüfliste um 22 % gesenkt werden konnte, als auch die Prüfungen mit den höchsten Risiken und den höchsten Differenzen der Risikoprioritätskennzahlen zur Umsetzung kommen.

Als kritisches Element des Verfahrens ist die Festlegung der Variablen A, B, E zu sehen.

In der industriellen Praxis können die Werte für Auftretenswahrscheinlichkeit, Bedeutung und Entdeckungswahrscheinlichkeit aus der Vorgänger-Baureihe sowie über die Qualitätsbeobachtung im Feld ermittelt werden. Die Werte der genannten Variablen sollten fortlaufend über die Qualitätsbeobachtung im Feld aktualisiert werden (Iteration).

In einer Weiterentwicklung bietet sich die Berechnung der Wahrscheinlichkeiten nach dem Verfahren „Probabalistic Analysis" gemäß Kapitel 3.2.4 an.

Die Iteration kann auch den Schwellwert für die Wirtschaftlichkeit W beeinflussen. Sollte die ursprüngliche Vorgabe W: 70 sek nicht ausreichen die Qualität durch Prüfungen abzusichern, muss über eine Erhöhung des Vorgabewerts oder über die Verbesserung des Produktions- oder Montageverfahrens diskutiert werden.

Ergänzend kann die Möglichkeit der Parallelisierung von Prüfungen in Betracht gezogen werden. Das gleichzeitige Arbeiten z.B. rechts und links am Fahrzeug durch zwei Montagemitarbeiter (Werker) reduziert die Prüfzeit nicht, jedoch wird dadurch die Stationenbelegung optimiert.

Automatische Prüfungen ohne Werkerbeteiligung können prinzipiell parallel zu anderen Prüfprozessen mit Werkerbeteiligung geplant werden. Da jedoch bei automatischen Prüfungen auch Fahrzeugfunktionen durch Aktoren ausgelöst werden können, sind Sicherheitsmassnahmen vorzusehen. Ein Beispiel ist hier das Öffnen der Kofferrraumhaube oder eines Dachschließ-Systems im Rahmen einer automatischen Prüfung..

Insgesamt ist das Potential durch die Parallelisierung von Prüfungen noch nicht ausreichend erschöpft.

5.2. Prüfplanung an einem exemplarischen Beispiel

Am Beispiel des Montagevorgangs und der Prüfung einer elektrischen Steckverbindung lassen sich die Abläufe der Qualitäts- und Prüfplanung darstellen.

Beispielaufgabe:

In einer Montage muss eine elektrische Komponente über einen Steckverbinder an den Kabelsatz angeschlossen werden. Für den Fahrzeugbetrieb ist wichtig, dass die Kontaktierung sicher und dauerhaft funktioniert. Die Montage kann nur manuell erfolgen, weil der Stecker zu einem flexiblen Strang des Kabelsatzes gehört und die Buchse sich an einem flexiblen Kabel befindet. Die Montage sogenannter biegeschlaffer Teile kann heute nur mir sehr hohem Aufwand automatisiert werden. Die Realisierung dieser Steckverbindung kann in mindestens zwei unterschiedlichen Ausführungen erfolgen.

Variante 1:

Auswahl eines einen kostengünstigen Stecker und eine passende Buchse, wenn die Priorität auf einem geringen Bauteilpreise liegt. Eine Prozess-FMEA würde für diese Ausführung u. a. folgende Fehlerrisiken identifizieren:

- Der Monteur kann den Stecker seitenverkehrt montieren.
- Er kann den Stecker nicht oder nicht vollständig einschieben.
- Die Steckverbindung kann sich wieder lösen, weil die Überdeckung der Teile zu gering ist.

Als Absicherungsmaßnahme für diesen Montageumfang könnten Prüfungen mit folgenden Prüfmerkmalen eingeplant werden:

- Sichtprüfung auf richtige Kontaktierung anhand der Kabelfarben
- Sichtprüfung auf die Position von Stecker und Buchse
- Auf Fügekraft bei dem Einschieben des Steckers achten.

Wenn man sich für diese einfache Variante entschließt, müssten die Qualitätssicherungsmaßnahmen vom Monteur selbst oder von einem weiteren Mitarbeiter als 100%-Prüfungen durchgeführt werden. Statistisch ist bei solchen Prüfungen immer mit einer

Restfehlerquote zu rechnen. Damit sind trotz der Prüfungen weiterhin potentielle Fehlerbeanstandungen möglich.

Variante 2:

Da das Ziel Fehlervermeidung statt Fehlerbeseitigung ist, könnten mittels der Methoden FMEA oder Poka Yoke [Kw08] konstruktive Lösungen zur Vermeidung von Fehlern erarbeitet werden.

Der Stecker und die Buchse können mit einer Codierung und einer Sicherungsklinke versehen werden. Die Funktion von Codierung und Sicherungsklinke sind damit als weitere Qualitätsmerkmale für die Steckverbindung festgelegt.

Die Anzahl der Prüfungen erhöht sich dabei nicht. Im Gegenteil, diese zusätzlichen Qualitätsmerkmale bewirken, dass der Montageprozess einfacher und sicherer wird. Die Prüfungen der Variante 1 können entfallen, weil der Montageprozess durch präventive Maßnahmen die Qualitätsanforderungen besser erfüllen kann.

- Durch die Codierung ist es für den Mitarbeiter unmöglich, den Stecker falsch zu montieren.
- Das im Idealfall fühlbare und hörbare Einrasten der Klinke signalisiert ihm, dass er den Montagevorgang erfolgreich abgeschlossen hat.
- Zudem verhindert die Sicherungsklinke das unbeabsichtigte Lösen der Steckverbindung. Damit wären die Fügekraft und die Passungen zwischen Stecker und Buchse nicht mehr relevant.

Aus Montagesicht können die Codierung und das Einrasten der Sicherungsklinke als prozessrelevante Merkmale eingestuft werden, weil sie Montagefehler verhindern. Aus konstruktiver Sicht ist die Aufgabe der Codierung und der Klinke, den seitenrichtigen Einbau sicherzustellen und einen sicheren Sitz des Steckers in der Buchse zu gewährleisten.

5.3. Validierung – Zusammenfassung

Die exemplarische Durchführung des neuen Prüfplanungsprozesses erfolgte in Form der Erfassung einer Liste exemplarischer Qualitätsmerkmale, sowie durch die Generierung einer Prüfliste 1 und der Generierung einer priorisierten Prüfliste 2 für eine fiktive Fahrzeug-Baureihe XYZ.

Die Validierung des Verfahrens wurde durch den Vergleich von zwei Prüflisten durchgeführt.

Die priorisierte Prüfliste 2 der fiktiven Fahrzeug-Baureihe XYZ zeigt im Vergleich zur Prüfliste 1 das Ergebnis des Priorisierungsalgorithmus und belegt damit die Funktionsfähigkeit.

Der Priorisierungsalgorithmus hat auch im Falle der gewählten Beispielmenge von 50 Qualitätsmerkmalen die Prüfungen mit den höchsten Risikominderungen ermittelt und nach Ansatz der Wirtschaftlichkeitsvorgabe zu einer Prüfzeitreduktion um 22% gegenüber der ersten Prüfliste geführt.

Als kritisches Element des Verfahrens wurde die Ermittlung der Variablen Auftretenswahrscheinlichkeit, Bedeutung und Entdeckungswahrscheinlichkeit für den Priorisierungsalgorithmus identifiziert. Lösungen zur iterativen Verbesserung der Datenqualität wurden aufgezeigt.

6. IT-Integration

Um den neuen Prüfplanungsprozess für den Montagebereich wirtschaftlich umzusetzen muss eine **IT-Lösung** erarbeitet werden, welche in die Entwicklungs-, Produktionsplanungs- und Produktions-Prozesse **eingebettet** ist.

Im folgenden Kapitel wird ein Lösungsansatz für das „**Prüfplanungstool**" und dessen **Integration in die IT-Systeme der beteiligten Unternehmensbereiche** dargestellt.

In der **industriellen Praxis** eines Automobilherstellers mit großer Variantenvielfalt der Produkte (>100.000 Varianten) bei gleichzeitig hoher Produktionsstückzahl (>1.000.000 Stück p.a.) ist ein **erheblicher Aufwand zur Darstellung und Pflege der IT-Systeme** zu leisten.

Der Systemanalyse der bestehenden Systeme kommt deswegen eine entscheidende Bedeutung bei einer Findung einer wirtschaftlichen Integrationslösung des neuen Prüfplanungsprozesses zu.

6.1. Neuer Sollprozess

Der neue Prüfplanungsprozess ist in einem Softwaretool darzustellen. Dabei ist die Verteilung der Anwendung auf die beteiligten Unternehmensbereiche Entwicklung, Qualitätswesen, Produktion und Produktionsplanung zu berücksichtigen.

Die Erstellung der Anwendungen wird erschwert, wenn die genannten Unternehmensbereiche nicht über eine durchgängige und zueinander konforme IT-Architektur verfügen. Die existierenden Insellösungen müssen dann um neue Datenschnittstellen und neuen Datenfreigabeprozessen erweitert werden. Dies kann einen erheblichen Aufwand bedeuten.

Das Tool zur Prüfplanung ist in die verschiedenen IT-Umgebungen zu integrieren oder innerhalb der dort bereits installierten Softwaretools zu realisieren.

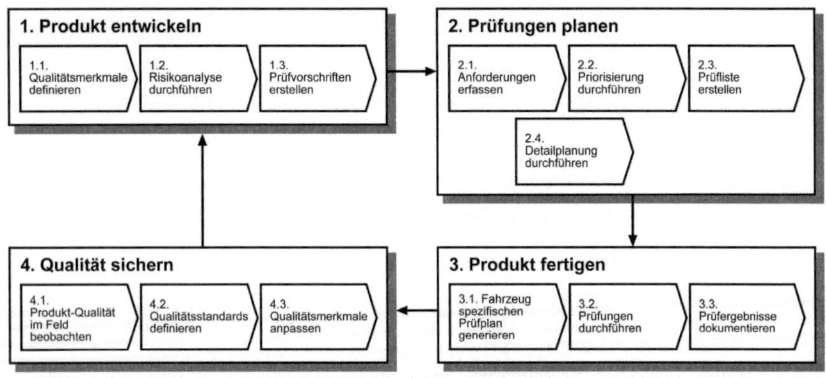

Abbildung 6-1 Tool zur Prüfplanung - Gesamt-Prozess-Sicht

6.2. Architekturmodell der bestehenden IT

Für die Erstellung des Architekturmodels der bestehenden IT-Systeme wurden die relevanten Geschäftsprozesse identifiziert.

Die Methode der Strukturierten Analyse ist bereits zur Neudefinition des Prüfplanungsprozesses (Kapitel 4) angewendet worden, sie erweist sich auch hier als überaus nützliches Instrument zu einer schnellen Darstellung der Ist-Situation.

Die Findung der IT-Lösung beginnt mit einer strukturierten Analyse der Istprozesse.

Sinnvollerweise wird der gesamte Produktlebenszyklus von der Entwicklung bis zur Außerbetriebnahme betrachtet [ISO26262]. Die Betrachtung geht vom Groben zum Feinen.

Das Ergebnis der Analyse der Istprozesse zeigt die Abbildung 6-2.

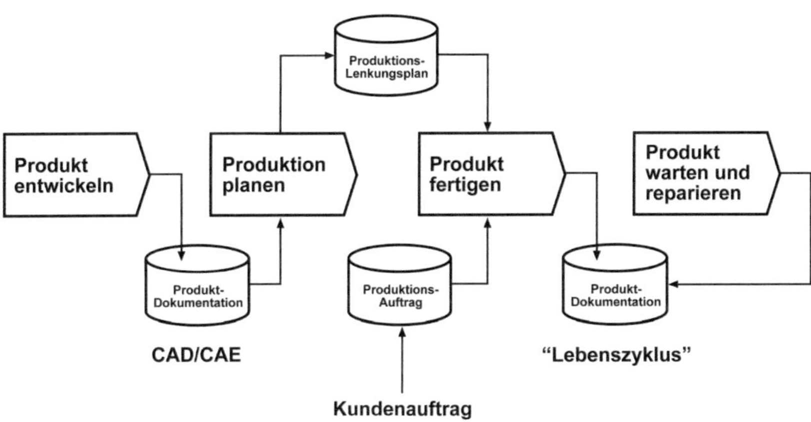

Abbildung 6-2 Architektur der bestehenden IT-Umgebung

6.3. Datenanalyse und Schnittstellen-Spezifikation

6.3.1.   Datenschnittstelle zu der Entwicklung

Folgende Datenarten sind im Unternehmensbereich Entwicklung zu erstellen und freizugeben:

Qualitätsmerkmale

Auswahl und Formulierung der Qualitätsmerkmale. Qualitätsmerkmale sind besondere Merkmale. Die Qualitätsmerkmale beschreiben die vom Ingenieur geplante Qualität einer Komponente oder eines Systems in Form eines Maßes (z.B. Toleranz, Ausfallrate, Ausführungszeit, Genauigkeit).

Risikofaktoren

Die Risikofaktoren resultieren aus der technischen Risikoanalyse der Komponenten und Systeme, nach dem FMEA-Verfahren.

Prüfvorschrift

Es ist die „Prüf- und Inbetriebnahme-Vorschrift" je Fahrzeug-System, sowie für das Gesamtfahrzeug zu erstellen. Die Prüfvorschrift beinhaltet die Prüfkriterien und die Grenzwerte. Im Falle der E/E-Systeme beinhaltet die Prüfvorschrift auch das Prüfverfahren und die Kommunikationsbeschreibung.

6.3.2.   Datenschnittstelle zu der Produktion

Fahrzeugspezifischer Prüfplan

Der Prozess erhält als Startinformation die „Finale Prüfliste" für eine Fahrzeug-Baureihe aus der Prüfplanung. Prüfauftrag fahrzeugspezifisch in Abhängigkeit der Ausstattung im Prozess „Produkt fertigen" im Produktionssteuerungs-System erstellen, dokumentieren und archivieren. Besonders muss erwähnt werden, dass die fahrzeugspezifische Prüfliste erst in der Produktionsphase auf Basis des Produktionsauftrags und der dann bekannten Ausstattungsliste durch das Produktionssteuerungssystem erzeugt werden kann.

Prüfergebnis-Listen

Prüfung am Fahrzeug durchführen, Einzelergebnisse erfassen, ggf. vorhandene Fehler beheben und Folge-Prüfung nachdokumentieren.

Dokumentation der Prüfergebnisse

Prüfergebnisse je Fahrzeug langzeitarchivieren.

Fertigungsrisiken, d.h. Fehler die wiederholt im Rahmen der Fertigungsprozesse aufgetreten und erkannt worden sind, identifizieren und kommunizieren.

Das Ergebnis des Prozesses ist die Dokumentation des Prüfauftrags und der Einzelprüfergebnisse je individuelles Fahrzeug.

6.3.3.   Daten aus dem Qualitätswesen

Felddaten

Die Beobachtung der Produktqualität im Feld umfasst die Sammlung aller Fehlerinformationen und Kundenbeschwerden aus den unternehmenseigenen Werkstätten (Callcenter/Niederlassungen) und aus den Vertrags-Werkstätten, insbesondere der Fehler von Sicherheitsfunktionen.

Qualitätsstandards

Formulierung der Qualitätsstandards auf Basis der Feldbeobachtungen und der strategischen Qualitätsziele des Unternehmens. Die Standards beschreiben übergreifend für eine Marke oder eine Produktfamilie (Baureihe) die Qualitätsanforderungen und die Maßstäbe.

Liste der zusätzliche Qualitätsmerkmale

Formulierung der zusätzlichen Qualitätsmerkmale.

6.4. Neues Architekturmodell

Der neue Prüfplanungsprozess ist in das Architekturmodell der bestehenden IT-Systeme zu integrieren. Der Prüfplanungsprozess wurde als Teil des Entwicklungsprozesses, des Produktionsplanungsprozesses und des Produktionssteuerungsprozesses definiert.

Neben der Integration des Prüfplanungsprozesses in den Produktionsplanungs-Teilumfang Montageplanung ist die Verknüpfung mit der Produktdokumentation (vorgelagerter Prozess) und der Produktionssteuerung (nachgelagerter Prozess) darzustellen.

Das Prüfplanungstool umfasst somit eine Datengenerierungs-Komponente im Entwicklungssystem, eine prüflistegenerierende Komponente im Produktions-planungssystem, sowie eine prüfplangenerierende, eine prüfablaufsteuernde und eine prüfergebnisdokumentierende Komponente im Produktionssteuerungssystem.

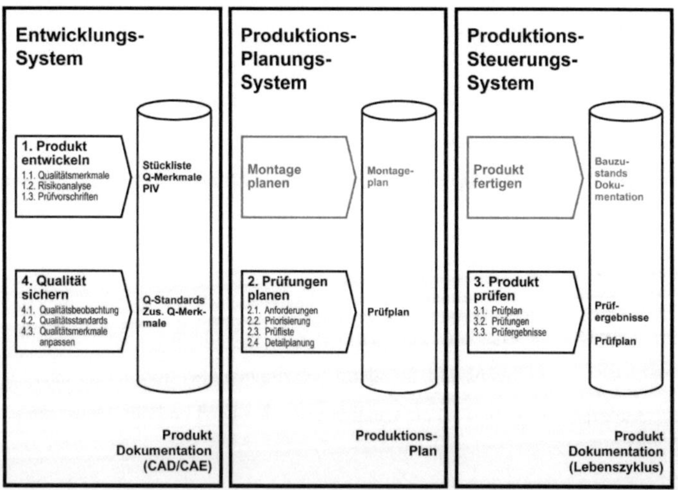

Abbildung 6-3 Neues Architekturmodell für das Prüfplanungs-Tool

An dieser Stelle sei an das IT-Integrationskonzept des Werkstatt-Diagnose-Systems WDS (Kapitel 3.4) mit den verteilten System-Komponenten verwiesen.

Die Integration der Prüfplanung in den Montageplanungsprozess wird in Form einer analogen Lösung zu der stücklistenbezogenen Planung der Montage-Arbeitsvorschriften (AVO) vorgeschlagen.

In gleicher Weise wie in der industriellen Praxis aus einer Stückliste die Montage-Arbeitsvorgänge geplant werden, sieht die vorgeschlagene Lösung die Planung der Prüf-Arbeitsvorgänge aus der Prüfliste vor. **Im Sinne einer übergeordneten Betrachtung erhalten Stückliste und Prüfliste dieselbe Bedeutung, einmal zur Generierung der Montage-AVOs, zum anderen zur Generierung der Prüf-AVOs.** Beide AVO-Arten werden in einem weiteren Prozessschritt ablaufbezogen in einen Montageplan zusammenzufassen.

Am Rande sei hier ein Dilemma in der Umsetzung neuer Geschäftsprozesse und der zugehörigen neuen IT-Lösungen erwähnt. Vielfach wäre gemeinsam mit der neuen IT-Spezifikation eine organisatorische Neuordnung erforderlich. Diese unterbleibt in Großunternehmen häufig, da eine Reorganisation aufgrund der Vielzahl an Beteiligten einen langen Abstimmungs- und Entscheidungsprozess erfordert. Im vorliegenden Fall hat sich aber die Zuordnung der Prüfplanung zur Produktionsplanung als die wirtschaftlichste Lösung erwiesen.

Für die Spezifikation und Realisierung eines Tools zur Prüfplanung in einem Automobilunternehmen wurde ein Gesamtaufwand von ca. 10 Personenjahren veranschlagt. Für die Spezifikationsarbeit in Form von Pflichten- und Lastenheft ist mit einem Anteil von 30% des Gesamtaufwands zu planen. Die Kosten für die Implementierung eines Software-Tools mit den Oberflächen zur strukturierten Dateneingabe, für die Programmierung des Priorisierungsalgorithmus und der Darstellung der Ergebnisse sind mit einem Anteil ca. 30% des Gesamtaufwands zu bewerten. Die wesentlichen Implementierungsumfänge in Höhe von ca. 40% des Gesamtaufwands entfallen auf die Herstellung der Datenschnittstellen von und zu den vor- und nachgelagerten Datenverarbeitungsprozessen.

6.5. IT-Integration - Zusammenfassung

Mit der zunehmenden Anzahl an Konfigurationen und Varianten der Produkte, sowie dem zunehmenden Einsatz von Elektronik im Fahrzeug wächst die Notwendigkeit, **Information und Wissen stärker zu formalisieren** und entlang der gesamten Entwicklungsprozesskette einzusetzen. Dies gilt in hohem Maße über den eigentlichen Entwicklungsprozess hinaus, auch für das Wissen in Produktion und After Sales.

Es wurde eine IT-Lösung zur Umsetzung der Prüfplanungsprozesse gemäß der Prozess-Spezifikation (Kapitel 4.4) dargestellt.

Das IT-Integrationskonzept „Prüfplanung" sieht die Erweiterung der bestehenden IT-Systeme in Entwicklung (Entwicklungssystem), in der Produktionsplanung (Produktionsplanungssystem) und in der Produktion (Produktionssteuerungssystem) vor. Die neuen Toolkomponenten für das Prozessmanagement der Prüfplanung werden dezentral in die IT-Umgebungen der beteiligten Unternehmensbereiche integriert.

Die Integration der Prüfplanung in den Montageplanungsprozess wird in Form einer analogen Lösung zu der stücklistenbezogenen Montagearbeitsvorgangs-Planung vorgeschlagen.

Mit dem dargestellten IT-Integrationskonzept wurde ein wirtschaftlicher Weg zur Darstellung der Prüfplanungsprozesse in Industrieunternehmen aufgezeigt.

7. Zusammenfassung und Ausblick

Für komplexe und sicherheitsrelevante Produkte wie Personenkraftwagen sind Prüfungen zur Qualitätsabsicherung im Produktionsprozess aus vielfachen Gründen erforderlich.

Die Qualitätsanforderungen sind von gesetzlichen und normativen Vorgaben, von gesellschaftlich und politisch bestimmten Risikogrenzen, sowie von Qualitätsmaßstäben des Herstellers und seiner Markenstrategie bestimmt.

Die Prüfplanung ist die Planung der Qualitätsprüfung im gesamten Produktionsablauf vom Wareneingang bis zur Auslieferung. Sie dient der Umsetzung von Qualitätsforderungen an Produkte oder Verfahren. Mit der Prüfplanung werden unter wirtschaftlichen Gesichtspunkten die Prüftätigkeiten und Prüfvorgänge nach Ort, Häufigkeit, Zeitpunkt im Fertigungsablauf festgelegt.

Die Arbeit folgt dem Prinzip, die Prüfplanung nicht isoliert zu sehen, sondern eingebettet in das Verständnis der sozialen, gesellschaftlichen sowie geschäftsprozessbezogenen Zusammenhänge.

Diese Arbeit stellt die umfassenden Kenntnisse bereit, die in der modernen Prüfplanung erwartet werden. Deshalb wird der zentrale Teil, der sich mit dem Prozessmanagement für die Prüfplanung beschäftigt, ergänzt um Ausführungen zu Organisation und Kommunikation.

Durch ein methodisches und themenübergreifendes Vorgehen wurden die Handlungsbedarfe erarbeitet und Anforderungen an eine moderne Prüfplanung für Straßenfahrzeuge abgeleitet.

Es wurden Lösungen aufgezeigt die für die Umsetzung des aufgezeigten Prüfplanungskonzepts essentiell wichtig sind. Die Organisationstruktur muss dabei auf die erforderliche Kooperation zwischen den Unternehmensbereichen Entwicklung, Qualitätswesen und Produktionsplanung vorbereitet werden.

Bei der Konzeption wurde das wissenschaftliche Ziel verfolgt alle Einflussfaktoren systematisch zu berücksichtigen. **Neu eingeführt werden die Einflussfaktoren Produktqualität, Feld-Erfahrung, Technisches Risiko und Prüfkosten.**

Es wurden Anforderungen erarbeitet, die Methode theoretische beschrieben und abschließend der aufgestellte Prüfplanungsprozess angewendet. Hierbei wurde das breit gefächerte Feld der Qualitätsmerkmale von Straßenfahrzeugen exemplarisch dargestellt.

In einem Personenkraftwagen sind ca. 6000 - 9000 teile- und funktionsbezogene Qualitätsmerkmale zu betrachten. Die Liste der im Verlauf der Montage regelmäßig an allen produzierten Fahrzeugen veranlassten Prüfungen umfasst in der Regel ca. 600 Positionen.

In der industriellen Praxis der Prüfplanung ist somit eine Reduktion der Relation „Qualitätsmerkmale zu Prüfungen" mindestens um den Faktor 10 durchzuführen.

Der beschriebene Prüfplanungsprozess berücksichtigt die wesentlichen Aktivitäten, Prinzipien, Methoden und Randbedingungen. Die Beschreibung erfolgt in Form eines Prozessablaufs sowie zusätzlich in vollständiger, anwenderorientierter Textform.

Das neue Prozessmanagement umfasst die Aspekte Prüfplanungsprozess und Organisationskonzept. Der Prüfplanungsprozess beinhaltet einen neu entwickelten Priorisierungsalgorithmus.

Um den Anwender bei einer schnellen und effizienten Auswahl der Prüfungen zu unterstützen, wurde hierbei eine iterative Bewertungssystematik zur objektiven Priorisierung entwickelt.

Der vorgestellte Priorisierungsalgorithmus liefert ein numerisches Verfahren für die Auswahl der für das Unternehmen und den Kunden werthaltigsten Prüfungen.

Nach Meinung von Experten erfüllt das vorgestellte iterative Verfahren zur Priorisierung auf Basis einer Risikoanalyse die Anforderungen sowohl von Gesetzgebung und Normung, sowie auch die Anforderungen der unternehmensinternen Qualitäts- und Wirtschaftlichkeitsvorgaben.

Für die Funktion des neuen Prozessmanagement ist eine Veränderung der Kommunikationsprozesse im Unternehmen erforderlich. Es wurde empirisch nachgewiesen, dass die Kooperationsfähigkeit der Ingenieure, die in den verschiedenen Unternehmensbereichen an der Produktentstehung arbeiten, von essentieller Bedeutung für die Beherrschung der Komplexität und der Qualität ist.

Dazu wurden Lösungsansätze für eine kooperative Organisation, die für eine vollständige Umsetzung des aufgezeigten Prüfplanungsprozesses wichtig sind, aufgezeigt.

Im Sinne eines Ausblicks sind zwei Aspekte zu sehen.

Die Organisation des Unternehmensbereichs Entwicklung in Richtung funktionale Gliederung gestalten. Die funktionale Verantwortung wird in verstärktem Maße die funktionale Modellierung der Fahrzeugfunktionen erfordern. Die funktionale Modellierung wird den Fokus der Ingenieure auf die für den Kunden wichtigen Fahrzeugfunktionen und deren Qualitätsmerkmale deutlich verstärken. Je präziser die Qualitätsmerkmale definiert sind, desto klarer ist der Auftrag an die Qualitätssicherung und an die Prüfplanung.

Darüberhinaus wird die nächste Internetgeneration Web2 technologische Erweiterung bereitstellen, welche die erforderlichen Werkzeuge zur punktgenauen Kommunikation im Unternehmen liefern.

Die Technologien basieren auf Mechanismen der Geschäft-zu-Geschäft-Kommunikation (BTB oder B2B). Über die diese Mechanismen wird ein Unternehmen zukünftig Produktinformationen sammeln und einfacher an die betroffenen Unternehmensbereiche verteilen.

Das Internet Web2 wird Arbeitsumgebungen bereitstellen, in welchen die Anwender Informationen suchen, verbreiten und wiederverwenden können. Darauf aufbauende Tools und Systeme werden die Entwicklungs-, Entscheidungs- und Problemlösungsprozesse in der Zukunft maßgeblich beeinflussen.

8. Verzeichnisse

8.1. Literaturverzeichnis

[Ai08]		**AIAG**: *Potential Failure Mode and effect Analysis (FMEA)*, 4th Edition, 06/2008

[Au08]		**Automobil-Produktion**: Magazin, Ausgabe 07/2008

[Ba00]		**Bäker, B.** : "*Onboard-Diagnosekonzepte, Systemansätze für zukünftige Kfz-Fehlerdiagnose- und Energie- und Informationsmanagementsysteme*", 1. Braunschweiger Symposium zum Thema „Automatisierungs- und Assistenzsysteme für Transportmittel, Gesamtzentrum für Verkehr Braunschweig, Braunschweig 2000.

[Bo96]		**Bodensteiner, F; Bracklo, C; Hanf, P; Kühner, T.** : *Neue Fahrzeugstrukturen in der Elektrik/Elektronik und ihre Auswirkungen auf die Entwicklungsabläufe und die Zusammenarbeit der Entwicklungspartner; Historie, Erfahrung, Umsetzung und Nutzen.* Düsseldorf: VDI Bericht Nr. 1287, 1996.

[Be05]   **Bernards, Marcus:** *Modulare Prüfplanung,* Dissertation RWTH Aachen,
              Fakultät für Maschinenwesen, Aachen, 12/2005

[De79]   **DeMarco, Tom:** *Structured Analysis and System Specification,* Prentice Hall,
              1979

[De08]   **DeMarco, Tom:** *Homepage*
              http://www.systemsguild.com/GuildSite/TDM/Tom_DeMarco.html, 2008

[DGQ04]   **DGQ:** *FMEA-Fehlermöglichkeits- und Einflussanalyse,*
              Deutsche Gesellschaft für Qualität (DGQ), Band 13, 2. Auflage, 2004

[DrSt96]   **Dressler, O.; Struss, P.:** *The Consistency-based Approach to Automated
              Diagnosis of Devices.* In: G. Brewka (Ed.), Principles of Knowledge
              Representation, *CSLI Publications*, Stanford, USA, 1996

[Eb03]   **Eberhard, Otto:** *Gefährdungsanalyse mit FMEA,* 2003

[EiGi08]   **Eisenberg; Gildeggen; Reuter; Willburger:** *Produkthaftung*, 1. Auflage
              München, 2008

[ErLe03]   **Eris, O.; Leifer, L.J.:** "*Facilitating Product Development Knowledge
              Acquisition: Interaction between The Expert and The Team,*" Int. Journal of
              Engineering Education, Vol. 19, No. 1, p. 142-152, USA, 2003.

[ErLe06]   **Eris, O.; Bergner, D.; Jung, M.; Leifer, L.J. :**
              *ConExSIR: A Dialogue-based Framework of Design Team Thinking and
              Discovery.* 329-344 in Yukio Ohsawa, Shusaku Tsumoto (Eds.): Chance
              Discoveries in Real World Decision Making: Data-based Interaction of Human
              Intelligence and Artificial Intelligence. Studies in Computational Intelligence
              Vol. 30, Springer, 2006

[Ge06]   **Geis, Stefan:** *Integrated Methodology for Production related Risk management of Vehicle electronics*, Universität Karlsruhe, Dissertation, Reihe Informationsmanagement im Engineering Karlsruhe, Band 2-2006, Universitätsverlag Karlsruhe, 2006

[Gi03]   **Girlich, Hans-Joachim:** *A.N. Kolmogoroff und die Ursprünge der Theorie stochastischer Prozesse*, in www.math.uni-leipzig.de/preprint/2003/p8-2003.pdf, Universität Leipzig, 2003

[GPSG04]   *Geräte- und Produkt-Sicherheitsgesetz*, Bundesrepublik Deutschland, 2004

[GrLe06]   **Grimheden, M.; Van der Loos, H.F.M.; Chen, H.L.; Cannon, D.M.; Leifer, L.J.:** *Culture Coaching: A Model for Facilitating Globally Distributed Collaborative Work*, Frontiers in Education Conference, 36th Annual Volume , Issue , Oct. 2006 Page(s):15 – 20, USA, 2006

[Gu05]   **Gut, Allan:** *Probability: A Graduate Course.* Springer-Verlag, 2005

[He99]   **Heinzelmann, A:** *Produktintegrierte Diagnose komplexer mobiler Systeme*, Dissertation Universität Paderborn, VDI-Verlag Düsseldorf, Fortschritt-Berichte Reihe 12 / Nr. 391, ISBN 3-18-339112-0, Klettgau, 1999.

[Ho00]   **Hotz et al:** *Intelligente Diagnose in der industriellen Anwendung*, Herausgeb. Hotz, Struss, Guckenbiehl, Shaker Verlag, 2000

[Ho70]   **Howard, Ronald:** *Decision Analysis: Perspectives on Inference, Decision, and Experimentation,"* Proceeding of the IEEE, Vol. 58, No.5, 1970

[IEC60812]   **IEC:** *Analysetechniken für die Funktionsfähigkeit von Systemen – Verfahren für die Fehlerzustandsart- und –auswirkungsanalyse (FMEA),* Veröffentlicht: DIN EN IEC 60812, Beuth Verlag, 11/2006

[IEC61508]   **IEC:** *Funktionale Sicherheit sicherheitsbezogener elektronischer Systeme,* Veröffentlicht: DIN EN IEC 61508, Beuth Verlag, 07/2006

[IHK04]   *US-Tread Act, Produkthaftung und Produktsicherheit in der betrieblichen Praxis*, Vortragszusammenfassung veröffentlicht in: www.ihk-lahndill.de/download/pdf/0104D_ustreadact.pdf, 2008

[ISO26262]   **ISO:** *Funktionale Sicherheit im Kraftfahrzeug,* ISO-Normentwurf, 2008

[ISO9001)   **ISO**: *Qualitätsmanagementsystem – Grundlagen und Begriffe*, 2008

[Iw06]   **van Iwaarden; Jos:** Changing qualiy controls, phd Thesis, Erasmus Research Institut of Management, Erasmus University, Rotterdam, Netherlands, 2006

[Ka08]   **Kapust, A.:** *Methode DRBFM*, in http:/www.drbfm.de, 2008

[Ki04]   **Kieß, A.:** *Tom DeMarco - Strukturierte Analyse und Systemspezifikation*, Vortrag, Universität Leipzig, 2004

[Kr05]   **Kregel, Ulrich:** *Einführung in die Wahrscheinlichkeitstheorie und Statistik.* Vieweg, Braunschweig 2005

[KrBr99]   **Kreuz, I; Bremer, U.:** *Exact Configuration Onboard. Onboard Documentation of Electrical and Electronical Systems consisting of ECUs, Data Buses and Software*, ERA conference 1999, Coventry, UK, 1999

[KrRo99]   **Kreuz, I.; Roller, D.:** *Knowledge Growing Old in Reconfiguration Context* in B. Faltings, E. C. Freuder, G. Friedrich, A. felfernig: *Configuration, Papers from the AAAI Workshop*, Technical Report WS-99-05, Orlando, 1999, Seite 54-59

[Kw08]   **Kwoka, I.:** *Fehlervermeidung mit einfachen Mitteln (Poka Yoke)*, in http://www.lean-management-akademie.de/, 12/2008

[LeEr02]   **Leifer, L.J.; Eris, Ö.; Culpepper, J; Mabogunje**, A.: *"Accelerating Product Innovation: engineering peer-to-peer collaboration service adoption studies* *and metrics,"* in proceedings: Engineering Design Conference, King's College, London, UK, 2002.

[Ma97]   **Mauss, J:** *Analyse kompositionaler Modelle durch Serien-Parallel-Stern Aggregation,* Universität Hamburg, AI Dissertation 1997, Verlag Hundt, ISBN 3-89601-183-9, Hamburg, 1997

[Me05]   **Meyer, Matthias:** *Funktionale Sicherheit in der Automobil-Entwicklung,* BMW, Vortrag Universität Wuppertal, 10/2005

[Mi08]   **MID:** *Innovator,* in Homepage der Firma MID, http:/www.mid.de/Modellierungsplattform-Innovat.innovator.0.html, 2008

[MiLe00]   **Milne, A., Leifer, L.:** *"Information Handling and Social Interaction of Multi-Disciplinary Design Teams in Conceptual Design: A Classification Scheme Developed from Observed Activity Patterns."* Proceedings of the Annual ASME Design Theory & Methodology Conference, Baltimore, USA, 2000.

[MuTi03]   **Müller, Dieter H.; Tietjen, Thorsten:** *FMEA-Praxis,* 2. Auflage, 2003

[Ne08]   **Neumann, Kai:** *Produktinformation Consideo Kreativitätsmethode,* in http:/www.ilsa-consulting.com, 2008

[NHTSA08] **NHTSA:** *Tread act,* in www.nhtsa.dot.gov/nhtsa/announce/testimony/ **tread**.html, *USA, 2008*

[Pa86]   **Paté-Cornell, M. E.:** *Warning Systems in Risk Management,* Risk Analysis, Vol. 5, No. 2, June 1986, pp. 223-234, USA, 1986

[PaFi94]   **Paté-Cornell, M. E.; Fischbeck, P. S. :** *Risk management for the tiles of the space shuttle,* Interfaces, Vol.24, pp. 64-86, USA, 1994

[PaHa04]   **Paté-Cornell, M. E.; Han, B. C.:** *Risk Analysis for Monitoring and Diagnosis of Problems in the Automotive Industry,* Department of Management Science and Engineering, Stanford University, in SAE - Convergence conference 2004, USA, 2004

[Pf03]   **Pflug, Hannes:** *Produkthaftung, mit einem Bein im Gefängnis?*, veröffentlicht in www.vdi-saar.de/BV-Presse/2003/Produkthaftung-04-12-03.pdf, 2008

[ProdHaG02]   **Produkthaftungs-Gesetz**, Fassung vom 1.8.2002, Bundesrepublik Deutschland, 2002

[Se94]   **Seibold, W.:** *A Model Based Diagnosis and Simulation System in Practical Use. The Concept of roδon.* In: Fifth International Workshop on Principles of Diagnosis, October 1994

[SeHo04]   **Seibold, W.; Höfig, B.:** *Secure Diagnosis in the automotive maintenance with RODON 3*, Vieweg-Verlag, 2004

[Sc06]   **Schmauder, M; Hoffmann, H.:** *Wirkungsketten - eine Methode zur Darstellung des Nutzens von Arbeitsschutz und Gesundheitsförderung*, TU Dresden, 2006

[Sc08]   **Schmitz, René:** *Rule of ten*, veröffentlicht in http://de.wikipedia.org/wiki/Datei:Rule-of-ten.png, 1/2008

[StVZO08]   **Straßenverkehrs-Zulassungs-Ordnung**, Fassung vom 1.10.2008, Bundesrepublik Deutschland, 2008

[ToLe94]   **Toye, G.; Cutkosky, M.; Leifer,L.:** *SHARE: A Methodology and Environment for Collaborative Product Development.* In Int. Journal Cooperative Information Systems 3(2): 129-154, USA, 1994

[TQ09]   **TQ-Group:** *www.tq-group.com/uploads/media/Crashkurs_FMEA_04.pdf*, 2009

[VDA96]   **VDA:** *Sicherung der Qualität vor Serieneinsatz – Produkt- und Prozess-FMEA*, 2. Aufl., 2006

[Vo07]   **Vorbach:** *Sicherheit*, Vorlesungsskript TU Braunschweig, 5/2007

[Web08]   **Worldweb**: *Modulare social community*; in http://www.worldweb.de, 12/2008

[Yo99]   **Yourdon, Edward:** *Modern Structured Analysis*, Yourdon Press Computing Series, 1999

8.2. Liste der Veröffentlichungen des Autors

[BaFo98]   **Bäker, B.; Forchert, T.**: *Vehicle Diagnosis - Concepts and Tool Environment*
Center for Design Research (CDR), Dept. of Mechanical Engineering, Stanford
University, Palo Alto, USA, 1998.

[BaFo99]   **Bäker, B; Forchert, T.**: *Onboard-Diagnosekonzepte für zukünftige
Kraftfahrzeuge*", 18. VDI/VW-Gemeinschaftstagung „Technologien um das 3-
Liter-Auto", Braunschweig, 1999.

[BaFo99]   **Bäker, B.; Forchert, T.**: *Diagnosis for Future Mobile Systems – Technology
Overview and Concepts*, AAAI 99 Spring Symposium,
AI in Equipment Maintenance Service and Support, Proceedings, Stanford
University, Palo Alto, USA, 1999

[BaFo99a]   **Bäker, B.; Forchert, T.**: *Diagnosekonzepte für zukünftige Kraftfahrzeuge*,
Tagung "Elektronik im Kfz", Haus der Technik - Essen, 06/1999

[BaFo00]   **Bäker, B.; Forchert, T.**: *Onboard-Diagnose in mechatronischen
Systemen*, Haus der Technik - Essen, 11/2000

[BaFo00a]   **Bäker, B.; Forchert, T.**: *Diagnosesysteme für Kraftfahrzeuge*"
20. Tagung „Elektronik im Kfz", Haus der Technik – Essen, Essen, 6/2000.

[BaFo03]   **Bäker, B.; Forchert, T.**: *Vehicle Risk Management and Related
Diagnostics*, 23. Tagung "Elektronik im Kfz", Stuttgart 06/2003

[BaFo05]   **Bäker, B.; Forchert, T.**: *Prüfkonzept für elektronische Fahrzeugfunktionen im
Montagewerk*, Elektronik im Kraftfahrzeug, Haus der Technik, 05/2005

[Fo97] **Forchert, T.:** *Erfolgskriterien für den Einsatz wissensbasierter Diagnosesysteme in der Automobilindustrie*, Fachzeitschrift Künstliche Intelligenz, 2/1997

[Fo98] **Forchert, T.:** *Onboard Diagnostic Systems for Powertrain Management*, European Conference on Vehicle Electronic Systems, Coventry, UK, 6/1998

[Fo00] **Forchert, T.:** Geleitwort in *„Intelligente Diagnose in der industriellen Anwendung"*, Herausgeb. Hotz,Struss,Guckenbiehl, Shaker Verlag, 2000

[Fo00a] **Forchert, T.:** *Schnelle Hilfe aus dem Äther*, DaimlerChrysler High Tech Report Forschung und Technik, Stuttgart, 2000

[Fo01] **Forchert, T.:** *Kraftfahrzeug-Servicetechnik in Zukunft noch beherrschbar?*, Berufsbildungskongress Deutsches KFZ-Gewerbe, Bad Wildungen, 5/2001

[Fo01a] **Forchert, T.:** *Future E-Diagnosis for Vehicles*, International Symposium on Automotive Control, ISAC 2001, Shanghai, P.R. China, 2001

[Fo02] **Forchert, T.:** *Future Diagnostics*, DaimlerChrysler After Sales Marketing Conference, Amsterdam, Netherlands, 11/2002

[Fo03] **Forchert, T.:** *Diagnostic Strategy in the Automotive Industry*, Industrial Affiliate Presentation, Stanford University, Palo Alto, USA, 05/2003

[Fo05] **Forchert, T.:** *Vehicle Test Concepts in Assembly*, Industrial Affiliate Presentation, Stanford University, Palo Alto, USA, 04/2005

[Fo06] **Forchert, T.:** *Inbetriebnahme und Abnahme von Fahrzeugsystemen beim Hersteller*, Vortrag in IAD-Kolloquium, Universität Dresden, Dresden, 04/2006

[Fo08]   **Forchert, T.**: *Prüfplanung auf Basis Risikomanagement und Qualitätsdaten*, Vortrag, Instituts-Kolloquium, Fakultät für Maschinenbau, Universität Karlsruhe, Karlsruhe, 09/2008

[Fo09]   **Forchert, T.**: *Prüfplanung auf Basis von Risikoanalysen*, in: Diagnose in mechatronischen Systemen II, Fachbuch Haus der Technik Nr 106, 2009

[FoLu94]   **Forchert, T; Luka, J**: *Werkstatt-Diagnose-System WDS*, VDI-Berichte Nr. 1152 zur 6. Internationalen Fachtagung Elektronik im Kraftfahrzeug, Baden-Baden, 1994

[FoRi95]   **Forchert, T.; Ringel, T**: *Wissensbasierte Diagnostik auf der Basis technischer Systembeschreibungen am Beispiel der Fahrzeugdiagnose*, 3. Deutsche Expertensystemtagung XPS-95, Uni Kaiserslautern, 3/1995

[GeFo06]   **Geis, S.; Bentele, H.; Forchert, T.**: *Methodik zur produktionsgerechten Produktgestaltung von Elektrik/Elektronik Komponenten ergänzt durch einen ganzheitlichen Kostenansatz.* 26. Tagung Elektronik im Kraftfahrzeug, Dresden, 2006

[KrFo98]   **Kreuz, I; Forchert, T; Roller, D.**: *Objekt oriented configuring of hierarchically modelable, electrical and electronic systems,* 31st ISATA Conference Automotive Electronics Düsseldorf, 6/1998

[KrFo98a]   **Kreuz, I; Forchert, T.; Roller, D**: *ICON – Intelligent Configuring System* in D. Roller (Hrsg.): *Proceedings of the 31st ISATA, Volume „Automotive Electronics and New Products",* Düsseldorf Trade Fair, Croydon, England 1998

[ScFo03]   **Schwall, M.; Gerdes, C.; Bäker, B.; Forchert, T.**: *A probabilistic vehicle diagnostic system using multiple models.* 15th Innovative Applications of Artificial Intelligence Conference (IAAI-03), Acapulco, Mexico, 8/2003.

[WaFo93]   **Waleschkowski, N.; Forchert, T.; et al.:** *Ein wissensbasiertes Fahrzeug-Diagnosesystem für den Einsatz in der Kfz-Werkstatt,* Sonderheft zur 17. Fachtagung Künstliche Intelligenz, Humboldt-Universität, Berlin, 9/1993

[WaFo95]   **Waleschkowski, N.; Schahn, M.; Forchert, T.:** *Wissensmodellierung und Wissenserwerb am Beispiel der Fahrzeugdiagnose.* Künstliche Intelligenz KI 1 / 95, Themenheft Knowledge Engineering, 1995

[WaFo95a]   **Waleschkowski, N; Forchert; T.:** *Meister der Diagnose,* Artikel in Industriemagazin Top Business, 2/1995

Anhang A1   Begriffsdefinitionen

Ausfall [IEC60812]

Beendigung der Fähigkeit einer Einheit die geforderte Funktion zu erfüllen.

Ausfall-Bedeutung [IEC60812]

Kombination der Schwere einer Auswirkung und der Häufigkeit ihres Auftretens oder anderer Eigenschaften eines Ausfalls als Maß der Notwendigkeit, sich damit zu befassen und dieses zu vermindern. Die Ausfall-Bedeutung wird auch als Ausfall-Kritizität bezeichnet.

Fehler

Ein Fehler ist die Nichterfüllung einer Anforderung [ISO9001], sowie eine Abweichung von der Spezifikation [DGQ04]. Vorrangiges Ziel eines jeden Herstellers muss es sein dem Kunden fehlerfreie Produkte zu verkaufen. Die Konsequenz aus einem Fehler ist ein Mangel [ISO9001]

Prüfung

Konformitätsbewertung durch Beobachten und Beurteilen, begleitet durch Messen, Testen oder Vergleichen [ISO9001]

Qualität

Das lateinische Wort *qualitas* bedeutet Beschaffenheit ohne Wertung. Es wird im allgemeinen Sprachgebrauch aber häufig für hochwertige Eigenschaften, einen hervorragenden Zustand und einen hohen Gebrauchswert verwendet. Qualität ist die Erfüllung von Ansprüchen und Erwartungen.

Qualität ist ein relativer Begriff. Er hat nur Sinn im Vergleich bzw. im Zusammenhang mit den zugrundeliegenden Erfordernissen, Erwartungen, Ansprüchen oder Vorschriften. Qualität bedeutet die Übereinstimmung von Vorgaben und Ausführung. Qualität kann durch Merkmale (Qualitätsmerkmale) messbar gemacht werden.

Qualitätsmerkmale

Qualitätsmerkmale erlauben die Erfassung der Qualität. Teilebezogene Qualitätsmerkmale sind z.B. Maßtoleranz, Oberflächengüte, Farbechtheit. Funktionsbezogene Qualitätsmerkmale sind z.B. Beleuchtung geht an, nachdem Schalter betätigt wurde, Tür schließt etc. Messbare Qualitätsmerkmale werden auch als Prüfmerkmale bezeichnet.

Risiko [IEC61508]

Risiko ist ein Maß für die Wahrscheinlichkeit und die Auswirkung eines bestimmten gefahrbringenden Vorfalls. Das tolerierbare Risiko wird auf gesellschaftlicher Basis bestimmt und berücksichtigt gesellschaftliche und politische Faktoren.

Sicherheit [IEC61508]

Sicherheit ist die Freiheit von unvertretbaren Risiken der physischen Verletzung oder Schädigung der Gesundheit von Menschen, entweder direkt oder indirekt als ein Ergebnis von Schäden an Gütern oder der Umwelt. Funktionale Sicherheit ist der Teil der Gesamtsicherheit, der davon abhängig ist, dass ein System oder ein Betriebsmittel korrekte Antworten auf seine Eingangsgrössen liefert.

Sicherheitsintegrität [IEC61508]

Die Sicherheitsintegrität ist ein Maß für die Wahrscheinlichkeit, dass sicherheitsbezogene Systeme notwendige Risikominderungen in Bezug auf die festgelegten Sicherheitsfunktionen zufriedenstellend erreichen. Die Sicherheitsintegrität der IEC61508 bezieht sich nur auf

- sicherheitsbezogene E/E/EP-Systeme (elektrisch/elektronisch/programmierbar elektronisch)
- Sicherheitsbezogene Systeme anderer Technologien
- Externe Einrichtungen zur Risikominderung

Zuverlässigkeit

Die Zuverlässigkeit eines technischen Produkts ist ein Merkmal, das angibt wie verlässlich die Produktfunktion in einem Zeitintervall erfüllt wird. Die Zuverlässigkeit ist kein deterministisches Produktmerkmal, sie ist nicht messbar. Das Merkmal Zuverlässigkeit ist inhärent, d.h. kein technisches Produkt ist frei von der Möglichkeit des Ausfalls.

Anhang A2   Organisationsregeln für die Prüfplanung

1. Gründung einer bereichsübergreifenden Projektgruppe „Prüfplanung". Mitglieder sind die Vertreter der betroffenen Unternehmensbereiche Entwicklung, Qualitätswesen, Produktionsplanung und Produktion.

2. Die Projektgruppe hat den Auftrag alle Prüfbedarfe zu ermitteln, die Kriterien zur Priorisierung der Prüfbedarfe zu prüfen und die finale Prüfliste freizugeben.

3. Der Prüfplaner ist in der Arbeitsgruppe verantwortlich, dass der Prüfplanungsprozess gemäß dem unternehmensinternen Standard eingehalten wird.

4. Die Priorisierung der Prüfungen wird durch den Prüfplaner durchgeführt. Er stellt das Ergebnis der Priorisierung der Projektgruppe vor.

5. Der Prüfplaner erstellt oder erhält zyklische Qualitätsauswertungen aus dem laufenden Produktionsprozess zur Identifikation von Optimierungspotentialen.

6. Der Prüfplaner veranlasst die Umsetzung der Prüfliste in Prüfaufträge durch den Fachplaner (Produktionsplanung).

7. Prüfaufträge sind verbindliche Vorgabedokumente für die Produktion.

8. Der Prüfplaner überprüft zyklisch, ob die Prüfungen in der Produktion wie vorgegeben ausgeführt werden.

9. Prüfaufträge dürfen nur mit Zustimmung des Prüfplaners geändert werden.

10. Wenn die Produktion prozessbedingt Prüfungen verändert oder zusätzliche Prüfungen einsetzt, muss der zuständige Prüfplaner darüber informiert werden.

Anhang A3 Prüfplanungsprozess - Spezifikation der Arbeitsschritte

Qualitätsmerkmale werden in der folgenden Spezifikation auch als Q-Merkmale bezeichnet.

TP 2.1.1. Qualitätsmerkmale entgegennehmen

- Der Prüfplaner erfasst die Q-Merkmale, welche von der Entwicklung und dem Qualitätswesen festgelegt wurden.

- Die Entwicklung stellt Q-Merkmale über Lastenheft, Zeichnungen, Spezifikationen, Prüfvorschriften oder Datensätze bereit.

- Das Qualitätswesen bringt zusätzliche Q-Merkmale in die Prüfplanung ein, die aus den Analysen des Fahrzeugbetriebs (Feldbeobachtung) gewonnen werden. Das Qualitätswesen kann auch Qualitäts- und Prüfmerkmale vorgegeben, welche aus Qualitäts- und Prüfstandards resultieren.

- Die Produktion ist ein wichtiger Partner für die Beurteilung der Q-Merkmale aus Prozesssicht und als Lieferant von Prozessmerkmalen.

- Der Prüfplaner fasst die Q-Merkmale in der „Liste Qualitätsmerkmale" zusammen.

- Notwendige Bestandteile des Q-Merkmals sind:

- Bezeichnung

    - Beschreibung / Spezifikation
    - Kennzeichen für besondere Sicherheits-Merkmale
    - Betroffene Baureihe / Komponenten / Funktionen / Systeme
    - Verwendung / SA Code

TP 2.1.2. Qualitätsmerkmale den Gewerken zuordnen

- Der Prüfplaner und der Entwicklungsingenieur/Qualitätsingenieur (Q-Merkmalseigner) stimmen sich bezüglich der Plausibilität der Q-Merkmale ab. Zunächst wird geprüft ob das Q-Merkmal vollständig und verständlich beschrieben ist.

- Klärung, ob das Q-Merkmal gewerkeübergreifend wirksam ist (Rohbau, Lackierung, Montage).

TP 2.1.3. Qualitätsmerkmale plausibilisieren

- Der Prüfplaner prüft die Plausibilität der Q-Merkmale und Prüfungen, die als sicherheitsrelevant oder zertifizierungsrelevant definiert wurden.

- Der Fachplaner prüft das Q-Merkmal auf Redundanz und konträre Aussagen. z.B. auf:
  gleiche Q-Merkmale aus unterschiedlichen Quellen (Entwicklung/Qualität),
  inhaltliche Überschneidungen der Q-Merkmale oder gegensätzliche Spezifikationen

- Q-Merkmale können vom Fachplaner nur weiterverarbeitet werden wenn sie inhaltlich vollständig beschrieben sind.

- Der Fachplaner informiert die Q-Merkmalseigner über fehlende Informationen.

- Der Prüfplaner tritt mit dem Q-Merkmalseigner in Kontakt und stellt sicher, dass die fehlenden Informationen zu dem Q-Merkmal durch den Q-Merkmalseigner ergänzt werden.

- Q-Merkmale werden nur durch den Q-Merkmalseigner bearbeitet, geändert oder gelöscht.

- Wurden am Q-Merkmal Änderungen durch den Q-Merkmalseigner durchgeführt, werden die zuständigen Fachplaner informiert.

TP 2.1.4. Prüfmerkmale festlegen

- Um die Prüfmerkmale festlegen zu können muss zumindest ein Konzept für den Produktionsprozess vorliegen. Das Planungsteam, welches den Produktionsprozess ausgestaltet, bestimmt die Prüfmerkmale.

- Der Prozessschritt „Prüfmerkmale festlegen" hat nicht das Ziel alle Qualitätsmerkmale in Prüfmerkmale umzuwandeln. In diesem Schritt kann auch der Produktionsprozess so verändert werden, dass die Q-Merkmale durch die Produktionsschritte selbst sichergestellt werden. Dadurch werden Prüfungen vermieden.

- Den Produktionsschritt und die Qualitätsforderung in Kombination zu betrachten, ist notwendig um festzustellen, ob:
    - das Q-Merkmal messbar oder bewertbar ist.
    - der Produktionsablauf das Q-Merkmal wirklich beeinflusst.
    - Feststellen, ob der Prozess geeignet ist, die Anforderungen zu erfüllen.

TP 2.1.5. Prüfstellen festlegen

- Für den Prüfplanungsprozess ist die Prüfstelle ein sehr wichtiges Hilfsmittel. Prüfstellen sind physikalische Orte (Stationen) in der Produktion, in welchen Qualitätsprüfungen stattfinden.

- Die Dokumentation der Prüfergebnisse hat Einflüsse in Hinsicht auf Qualitätsauswertungen, Berichterstattungen und Verbesserungsprozesse.

- Die Prüfstelle sollte auf den Prüfanweisungen und den Qualitätsaufzeichnungen vermerkt sein. Damit sind die erfassten Fehler einem festen Ort in der Produktion zugeordnet. Diese Information ist für die Fehlerauswertung oder Fehleranalyse von besonderer Wichtigkeit.

- Die Prüfstellen werden vom Fachplaner festgelegt.

TP 2.1.6. Prüfmerkmale analysieren

- Wenn die Qualitätsmerkmale klar definiert, vollständig beschrieben und den Arbeitsvorgängen (AVO) des Produktionsprozesses zugeordnet sind, können die Prüfmerkmale definiert werden.

- Für die Prüfmerkmale ist es wichtig, sie richtig zu beschreiben.

- Prüfmerkmale müssen verständlich und eindeutig formuliert sein.

- Der mögliche Fehler muss klar beschrieben sein.

TP 2.1.7. Prüfkriterien zuordnen

- Für die Zuordnung der Prüfkriterien ist die Art des Merkmals wichtig. Das Erkennen von Fehlern bei diskreten oder qualitativen Prüfmerkmalen lässt sich entweder durch eindeutige Beschreibungen oder durch Grenzmuster als Maßstab unterstützen.

- Unter Grenzmuster sind nicht nur reale Teile zu verstehen, es können genauso gut Fotos oder andere Abbildungen sein. Grenzmuster helfen die Bewertung von qualitativen Prüfmerkmalen durch eindeutige Kriterien auf einem einheitlichen Niveau zu halten.

- Bei Messwerten sind die Spezifikationen einschließlich der Toleranzen entscheidende Kriterien für die Prüfung.

- Ein Q-Merkmal muss ggf. über mehrere Produktionsstufen hinweg betrachtet werden. Für diese Q-Merkmale muss das Planungsteam einvernehmlich die Toleranzen je Produktionsabschnitt festgelegen.

TP 2.1.8. Prüfmethoden

- Mit der Prüfmethode, die im Rahmen der Prüfplanung erarbeitet wird, trifft das Planungsteam Festlegungen über:

  - Ort der Prüfung,
  - Wahl des Prüfverfahrens und ggf. Art der Datenerfassung,
  - Einbindung der Prüfung in die Arbeitsfolge,
  - Qualifikation der Werker

TP 2.1.9. Prüfverfahren zuordnen

- Die Prüfplanung muss den Einsatz von wirtschaftlichen Prüfmitteln sicherstellen.
- Es müssen Prüfgeometrie, Prüfmethode, Prüfaufwand, etc. und das Prüfmittel selbst geplant werden. Dabei sind auch die messtechnischen Anforderungen an das Prüfmittel festzulegen.
- Für jedes Messmittel muss eine Messplanung erfolgen bzw. beauftragt werden.
- Die Abstimmung über das Prüfkonzept erfolgt mit allen Beteiligten bei der Festlegung des Prüfablaufes.
- Bei der Zuordnung des Prüfverfahrens ist das Ziel, generell zuerst ein Standardprüfverfahren zuzuordnen. Die Verwendung eines Standards hat die Vorteile der Reduzierung des Planungsaufwands.
- Jeder Standard wird gemeinsam mit dem Q-Merkmalseigner auf Verbesserungspotenzial überprüft. Im Falle der Verbesserungsmöglichkeit wird gemeinsam, mit dem Fachplaner ein Prüfverfahren entwickelt.
- Wenn kein Standardprüfverfahren zugeordnet werden kann, wird gemeinsam, mit dem Fachplaner ein Prüfverfahren entwickelt.
- Das Prüfverfahren ist die Basis für die weitere Umsetzung der Prüfung. Es ist damit die maßgeblich Eingangsgröße für Kalkulation der Prüfaufwände der Baureihe.

TP 2.1.10. Prüfmittel auswählen

- Nachdem die Prüfmethode festgelegt ist, definiert das Prüfplanungsteam die Anforderungen an das Prüfmittel.

- Entsprechend der Qualitätsforderungen muss gegebenenfalls die Feststellung der Prüfprozesseignung (Messmittelfähigkeit) beschlossen werden.

- Die Auswahl der Prüfmittel erfolgt entsprechend dem gewählten Prüfkonzept, unter Berücksichtigung der definierten Anforderungen.

- Die Auswahl erfolgt über einen Katalog freigegebener Prüfmittel und über die messtechnische Eignung für die vorgesehene Aufgabe.

- Die freigegebenen Prüfmittel können nach Kriterien klassifiziert werden.

TP 2.1.11. Kosten und Zeiten ermitteln

- Voraussetzung für den Prozessschritt ist, dass das Prüfmerkmal plausibilisiert, ein Prüfverfahren zugeordnet und eine Prüfung durch den Fachplaner angelegt ist.

- Aufgabe dieses Prozessschrittes ist die Ermittlung der Zeiten und Kosten für den geplanten Prozess auf Basis des Produktionslenkungsplanes.

- Die ermittelten Zeiten werden mit den Projektvorgaben verglichen und zur Berichterstattung bzw. als Entscheidungsgrundlage aufbereitet.

- Die Prüfungen sind den jeweiligen Prüfstellen zugeordnet. Dies dient der Erstellung der Betriebsmittel-Spezifikation und ist notwendig für die Reaktion auf die Prüfergebnisse.

TP 2.1.12. Prüfzeiten ermitteln

- Prüfungen werden generell in Prüfaufträge (PVO) umgesetzt. Prüfaufträge sind entweder manuelle Arbeitsumfänge mit Werker analog den Arbeitsvorgängen (AVO) oder automatische Umfänge. (z. B. Prüfstand)

- Der Detaillierungsgrad des PVO ist so zu wählen, dass der Fachplaner die Möglichkeit hat diese am Band zeitlich einzuplanen.

- Zeiten für Prüfungen können sich aus rein manuellen, rein automatischen oder einer Kombination aus beiden Tätigkeiten zusammensetzten.

- Zeiten werden generell nur auf der PVO-Ebene festgelegt. Dies erfolgt, je nach Projektfortschritt in unterschiedlichen Detailierungsgraden geschätzt, gerechnet, gemessen.

TP 2.1.13. Prüfkosten ermitteln

- Basierend auf den Arbeitskräfte-Bedarfen, dem Vorranggraph, den Arbeitsplatzdefinitionen, den Betriebsmitteln ermittelt der Fachplaner die Investition, die laufenden Kosten, die einmaligen GMK für die Prüfstelle.
- Die Kosten der Prüfstelle werden anteilsmäßig verursachungsgerecht auf die Prüfungen der Prüfstelle aufgeteilt.
- Die Kosten je Prüfung sind eine Bewertungsgröße zur Priorisierung der Prüfungen.

TP 2.1.14. Investitions- und Gemeinkosten (GMK) ermitteln

- Unter Investitionskosten versteht man in der Regel einmal auftretende Kosten im Sinne einer Neuinvestition einer Anlage.
- Gemeinkosten sind Kosten für Umbauten und Softwareanpassungen.
- Investitionskosten werden für die gesamte Prüfstelle ermittelt und im Anschluss verursachungsgerecht auf die Prüfungen der Prüfstelle aufgeteilt.
- Dies bildet die Möglichkeit der monetären Bewertung von Prüfungen die zur Umsetzungsentscheidung bzw. Priorisierung herangezogen wird.
- Im ersten Schritt werden die Betriebsmittel Bedarfe der jeweiligen Prüfstelle ermittelt. Einflussfaktoren zur Bedarfsermittlung sind die Anzahl der Arbeitsplätze, Anzahl der Stationen, Arbeitsnutzungs-/Betriebsnutzungszeit, Vorranggraph, etc.
- Der Fachplaner kann zu diesem Zweck Marktuntersuchungen durchführen, potenzielle Zulieferer kontaktieren.
- Die gesamten Investitions- und Gemeinkosten für Prüfungen lassen sich aus der Summe der Prüfstellen ermitteln.

TP 2.1.15. Laufende Kosten ermitteln

- Laufende Kosten sind Betriebskosten der Betriebsmittel, wie z.B. Instandhaltung, Flächenkosten, sowie Hilfs- und Betriebsstoffe (Energie, Schmierstoffe, Schutzhandschuhe, etc.)
- Je nach Gewerk werden die Laufenden Kosten mit einem Verrechnungssatz pro Jahr auf die Investitionskosten ermittelt.

TP 2.1.16. Gesamtkosten der Prüfungen ermitteln

- Die Gesamtkosten der Prüfungen werden durch die Summe der Investitions- und Gemeinkosten, sowie den laufenden Kosten der einzelnen Prüfstellen ermittelt.
- Die Gesamtkosten werden durch den Prüfplaner ermittelt.

TP 2.2.1. Auftretenswahrscheinlichkeit A des Fehlers bewerten

- Gemeinsam mit dem Q-Merkmalseigner definiert der Prüfplaner die Wahrscheinlichkeit des Auftretens des Fehlers für jedes Q-Merkmal.
- Je höher die Auftretungswahrscheinlichkeit eines Fehlers ist, desto höher ist die Bewertungszahl (1-10)
- Der Prüfplaner trägt das Ergebnis der Bewertung der Wahrscheinlichkeit des Auftretens des Fehlers als Attribut des Q-Merkmals in die Prüfliste ein.

TP 2.2.2. Bedeutung der Fehlerfolgen bewerten

- Die Bedeutung der Folgen eines Fehlers bezieht sich auf Auswirkungen sowohl für den Endverbraucher, als auch für den Hersteller. Bewertet werden komfort- oder kostenrelevante Auswirkungen.
- Bei E/E-Prozessen definiert der Q-Merkmalseigner die Bedeutung bei Auftreten eines Fehlers für jedes Q-Merkmal bereits im Rahmen der Erstellung der Prüfvorschrift.
- Der Q-Merkmalseigner dokumentiert das Ergebnis der Bewertung als Attribut des Q-Merkmals.

- Je höher die Folgen eines Fehlers wären, desto höher ist die Bedeutung der Fehlerfolge des Q-Merkmal zu bewerten (1-10)

- Für Sicherheits-Merkmale wird der Wert B=100 angesetzt.

TP 2.2.3. Entdeckungswahrscheinlichkeiten $E\alpha$ und $E\beta$ bewerten

- Die Entdeckungswahrscheinlichkeit $E\alpha$ bezieht sich auf die Entdeckung eines Fehlers im Produktionsprozess, wenn <u>keine</u> explizite Absicherung durch Prüfung durchgeführt wird.

- Die Entdeckungswahrscheinlichkeit $E\beta$ bezieht sich auf die Entdeckung eines Fehlers im Produktionsprozess, wenn <u>eine</u> explizite Absicherung durch Prüfung durchgeführt wird.

- Der Prüfplaner bewertet die Entdeckungswahrscheinlichkeit des Fehlers im Montageprozess des betroffenen Werkes.

- Je höher die Entdeckungswahrscheinlichkeit, desto niedriger ist die Bewertungszahl (1-10).

- Der Prüfplaner trägt das Ergebnis der Bewertung der Entdeckungswahrscheinlichkeit als Attribut des Q-Merkmals in die Prüfliste ein.

TP 2.2.4. Prioritätskennzahlen $PKZ\alpha$ und $PKZ\beta$ berechnen

- Die Prioritätskennzahl ist das Produkt aus den drei Bewertungszahlen Entdeckungswahrscheinlichkeit je Prüfung, Auftretenswahrscheinlichkeit und Bedeutung des Fehlers je Qualitäts-Merkmal.

- Die Prioritätskennzahl wird zweimal berechnet.

TP 2.2.5. Schwellwert R für $PKZ\beta$ festlegen

- Der Schwellwerts R liegt legt die Grenze zum nichttolerablen Risiko fest.

TP 2.2.6. Schwellwertberechnung für PKZβ durchführen

- Alle Qualitätsmerkmale deren PKZβ oberhalb des Schwellwerts R liegt werden identifiziert.

- Die Qualitätsmerkmale, deren Risikoprioritätskennzahl PKZβ oberhalb des Schwellwerts R liegt, sind auch mit Prüfungen nicht in einen für das Unternehmen akzeptablen Risikobereich zu führen.

- In der Konsequenz muss eine konstruktive Änderungen der Komponente/Funktion, eine verbesserte Prüfung mit höherer Prüfschärfe oder eine Korrektur des Merkmals in Richtung Abschwächung erfolgen.

TP 2.2.7. Differenz *ΔPKZ* der Prioritätskennzahlen berechnen

- Die Differenz der Prioritätskennzahlen sind zu berechnen

TP 2.2.8. Prüfungen sortieren

- Die Prüfungen werden absteigend nach Prioritätskennzahl-Differenz ΔPKZ sortiert.
- Erstellen einer ersten Prüfliste

TP 2.2.9. Grenzwert der Wirtschaftlichkeit W festlegen

- Der Gesamtwert für die maximale Prüfzeit W als Projektvorgabe festzulegen

TP 2.2.9a. Wirtschaftlichkeit prüfen

- Begrenzen der vorläufigen Prüfliste auf die Prüfungen die innerhalb der Prüfzeit gemäß Wirtschaftlichkeitsvorgabe W durchgeführt werden können.
- Zusätzlich könne Projektvorgaben zu den Prüf- und Investitionskosten auf Einhaltung kontrolliert werden.
- Falls die Projektvorgaben überschritten werden, muss ein Optimierungsschritt erfolgen

TP 2.2.9b. Alternative Lösungsvorschläge erarbeiten

- Um eine Lösung für die Vermeidung des Überschreitens der Projektziele zu finden, muss der Prüfplaner entsprechende Vorschläge und Empfehlungen vorbereiten.

- Der Prüfplaner bereitet den Entscheid vor. Hierzu erstellt er Entscheidungsalternativen, die in dem Gremium betrachtet werden.

- Der Prüfplaner beruft das Projektgremium ein.

- Ggf. lädt der Prüfplaner die betroffenen Q-Merkmalseigner ein.

- Das Gremium hat die Möglichkeit, die Ziele anzupassen, die Wahrscheinlichkeiten anzupassen oder die Ablehnung der Prüfungen zu bestätigen.

- Ergebnisse werden in einem Protokoll festgehalten. Das Protokoll wird der Prüfung zugeordnet.

- Das Ergebnis des Gremiums ist eine Entscheidung, die verbindlich die Umsetzung der Prüfungen festlegt.

TP 2.3.10. Prüfliste erstellen

- Der Prüfplaner erstellt die Prüfliste.

- Alle Prüfungen, die im Rahmen der Kosten und Zeiten der Projektvorgaben liegen, werden durch den Prüfplaner freigegeben.

- Alle Prüfungen die nicht umgesetzt werden können, werden durch den Prüfplaner gestrichen.

- Der Prüfplaner informiert die Q-Merkmalseigner über das Ergebnis der Priorisierung.

- Freigabe der Prüfliste durch den Prüfplaner.

- Verteilung und Kommunikation der Prüfliste

TP 2.4.1. Detailplanung durchführen

- Der Fachplanung erstell auf Basis der freigegebenen Prüfliste die Arbeitsanweisungen für die Werker und die Zeitenplanung je Station.

- Detail-Spezifikation der Prüfanlagen gemäß den Vorgaben der Prüfliste.

- Beauftragung der Anlagen in Hardware und Software.

- Inbetriebnahme der Anlagen.

- Nachweis der Konformität zu der Prüfliste und den Prüfstandards führen.